# 全流域洪水预报
# 多源误差联合校正方法研究

黄一昕 梁忠民 李志勇 廖敏涵 ◎著

東南大學出版社
SOUTHEAST UNIVERSITY PRESS
·南京·

## 内 容 提 要

实时校正是洪水预报的重要组成部分，是保障预报精度的最后一道技术屏障。本书针对目前实时校正存在的技术瓶颈，深入研究了全流域洪水预报多源误差联合校正问题。主要成果包括：选择流域雨量站网密度作为链接因子，构建输入误差、模型误差、终端误差与链接因子的定量关系，实现三种误差的解析分配；建立各过程/各变量误差与终端误差的响应系统函数，实现多源/多元误差的同时校正；考虑预报误差在时空上的传递规律，建立以马斯京根法矩阵方程与误差连续演算方程为理论基础的长河段误差联合校正模型。

本书适合水文水资源领域的科技工作者、工程技术人员及高校师生阅读参考。

**图书在版编目(CIP)数据**

全流域洪水预报多源误差联合校正方法研究 / 黄一昕等著. -- 南京 : 东南大学出版社, 2025. 8. -- ISBN 978-7-5766-2292-8

Ⅰ. P338

中国国家版本馆 CIP 数据核字第 20259Y2H51 号

**责任编辑**：刘　坚(635353748@qq.com)　　**责任校对**：韩小亮
**封面设计**：王　玥　　**责任印制**：周荣虎

**全流域洪水预报多源误差联合校正方法研究**

Quanliuyu Hongshui Yubao Duoyuan Wucha Lianhe Jiaozheng Fangfa Yanjiu

| | |
|---|---|
| **著　　者** | 黄一昕　梁忠民　李志勇　廖敏涵 |
| **出版发行** | 东南大学出版社 |
| **出 版 人** | 白云飞 |
| **社　　址** | 南京市四牌楼 2 号(邮编:210096　电话:025-83793330) |
| **经　　销** | 全国各地新华书店 |
| **印　　刷** | 广东虎彩云印刷有限公司 |
| **开　　本** | 700 mm×1000 mm　1/16 |
| **印　　张** | 8.75 |
| **字　　数** | 150 千字 |
| **版　　次** | 2025 年 8 月第 1 版 |
| **印　　次** | 2025 年 8 月第 1 次印刷 |
| **书　　号** | ISBN 978-7-5766-2292-8 |
| **定　　价** | 78.00 元 |

# 前　言

洪水预报是最重要的防灾减灾非工程措施之一。然而,由于洪水的复杂性及人类对其认识的局限性,洪水预报不可避免地存在误差。所以在实际作业预报中,还需借助实时校正技术对预报误差进行修正,以进一步提高洪水预报的准确性,满足防洪工作对洪水预报精度的要求。水文预报行业中一直都有"没有实时校正,就没有洪水预报"之说。毋庸置疑,实时校正作为保障和提升预报精度的最后一道技术屏障,是洪水预报的重要组成部分,也是水文学研究的前沿问题,更是生产实践中的重大需求。

但近年来,实时校正理论发展相对缓慢,技术上遭遇瓶颈。目前在实际洪水作业预报中使用的大多是终端误差校正类方法,虽然方法简单、易于操作,但有两个明显不足:一是随着预见期的增长,校正能力受限。由于终端误差校正类方法的校正方程是基于洪水预报误差时间序列而建立的,能够依据前期预报误差规律递推后续误差,所以随着预见期的增长,递推精度会快速下降,校正能力受到预见期限制。二是在洪水过程的转折阶段,校正效果不佳。由于影响预报误差的因素众多,且在洪水的不同发展阶段(起涨/洪峰/退落)其影响作用不同,导致误差规律也不同,因此在洪水涨落转折处(如洪峰),误差递推往往会出现方向性的失真,导致校正失败。特别地,我国大多数流域的水利工程调度运行显著改变了洪水的天然水文特性,使得预报误差在一场洪水过程中也不断改变而难以预测。这两点是目前实时校正在实际应用中精度难以进一步提升的症结所在。

众所周知,洪水预报的终端误差产生于降雨、产汇流等过程,终端误差是各个过程误差在时间和空间上的传递、累积结果。采用过程误差校正类方法,则可以不依赖于终端误差校正类方法的校正方程进行外推,不损失预见期;另外,为了能及时准确地捕捉到洪水过程的转折和突变，如果能将终端与过程误差联合起来，并且充分利用全流域站点/断面信息，将源头/支流汇流与河道汇流过程联合起来进行统一校正，那么定能进一步提升洪水预报实时校正效果。但目前对其中隐含的关键科学/技术问题，如对预报整个过程中各子过程误差的产生机理、过程误差与终端误差之间的定量关系及分配机制、上下游多站点误差空间拓扑及传递关系等认识尚不够深刻。因此，本书围绕上述难点问题进行深入研究，提出将“整体论”与“还原论”相结合，通过终端误差与过程误差交替修正、多站信息耦合更新、逐阶段全过程降低最终预报误差的新思路，围绕提升洪水预报精度这一目标，探索一套面向全流域的洪水预报实时校正新技术。本书主要的创新性成果包括：(1) 提出了以雨量站网密度为链接因子的预报误差分配解析模型(DEFF)，分析预报终端误差的产生机制，实现了过程误差的溯源和定量分配。(2) 提出了多源误差联合校正的动态系统响应曲线方法(MSE-DSRC)，优化了过程误差校正技术，提高了洪水预报实时校正水平。(3) 提出了全流域洪水预报误差同时校正新技术(3D-DSRC 和 DSI)，实现了校正系统化和精细化，全面提升了流域洪水预报精度。

全书共分为四章。第一章介绍了本书的研究背景及意义、研究进展及存在问题、主要研究内容、研究区域概况；第二章研究了洪水预报误差来源分配及解析模型；第三章研究了洪水预报全过程误差联合校正技术；第四章研究了全流域洪水预报误差同时校正方法。本书前言由梁忠民、黄一昕执笔，第一章由黄一昕、李志勇执笔，第二章由黄一昕、梁忠民执笔，第三章由廖敏涵、李志勇执笔，第四章由黄一昕、廖敏涵执笔。全书由黄一昕负责统稿与校核。

本书的编写和出版得到了国家自然科学基金面上项目“洪水预报实时校正方法研究”(项目编号：52379007)的资助。江西省水文监测中心和信江饶河水文水资源监测中心在研究区调研、资料收集与应用检验等方面，为本书的相关内容提供了支持。东南大学出版社也对本书的顺利出版给予了大量帮助。作者在此致以衷心的感谢。

本书在编写过程中参阅了大量的国内外参考文献，由于资料庞杂，难免存在疏漏之处，在此深表歉意，一并致以诚挚的感谢。同时，由于作者水平有限，书中不妥之处，恳请读者批评指正。

作　者<br>**2024 年 12 月**

# 目　录

# 第一章

# 绪　论

## 1.1 研究背景及意义

我国是洪涝频繁发生的国家，洪水灾害一直是中华民族的心腹大患。全球气候变化背景下，中国可能面临更严重的极端洪水灾害[1-3]。完善洪水干旱监测预报预警体系，是我国“十四五”时期(2021—2025年)水利改革发展的重要目标之一。提高防灾减灾救灾和急难险重突发公共事件处置保障能力，是党的二十大报告对新时代防灾减灾工作提出的重要要求，为应急管理体系建设提供了根本遵循。新中国成立以来，我国在开展大规模水利工程建设的同时，逐步形成了以洪水预报预警为核心的非工程防洪减灾体系[4-5]，使得我国的防洪减灾能力得到了巨大提升[6-7]。据世界气象组织(World Meteorological Organization, WMO)估计，洪水预报调度非工程措施的减灾效益占防洪总效益的10%～15%。因此，及时准确的洪水预报在防洪减灾中发挥着重要作用[8-11]，可减轻甚至避免洪灾损失，也可为水资源管理、水库调度及防汛决策提供科学依据，体现出显著的经济价值与社会效益[12-20]。

然而，由于洪水过程本身的复杂性及人类对其规律认识的局限性，洪水预报过程中不可避免地存在各种不确定性[21-23]。这些不确定性产生于模型输入、模型结构及参数、状态变量初值和测量等诸多过程/环节[24-33]，最终将导致洪水预报结果与客观实际值有偏差，从而影响预报模型的预报精度[34-37]。所以，在实际作业预报中，需借助实时校正技术对预报的偏差/误差进行修正，以进一步提高洪水预报的预见性和准确性，满足防灾减灾实际工作对洪水预报精度的要求[38-45]。水文预报行业中一直存在“没有实时校正，就没有洪水预报”之说，实时校正作为洪水预报的重要组成部分，作为保障和提升预报精度的最后一道屏障，不仅是生产实践中的重大需求[46-49]，还是水文科学长期以来的研究热点与难点[50-54]。

纵观国内外针对洪水预报实时校正方法的研究，大体上可分为两类途径[55]：一类是终端误差校正(Terminal Bias Correction, TBC)途径，另一类是过程误差校正(Process Bias Correction, PBC)途径。其中，TBC类方法不直接处理预报过程各环节的误差(即过程误差)及其传播路径,而是对预报变量的最终总误差(即终端误差)进行校正,再与原预报值合成,进而达到更新校正原预报的目的。PBC类方法先校正预报过程各个环节(如降雨过程、产汇流过程等)或各个变量(如模型状态变量、模型参数等)的误差,再基于校正后的结果,重新运行预报模型进行洪水预报,从而降低洪水预报误差,以达到校正目的。显然,TBC类方法不依赖于具体的预报模型,而是直接处理误差,其算法相对简单、易于使用,因此,该类方法被广泛应用于实时洪水作业预报中。然而,该类方法没有考虑误差来源及其组成关系,难于在误差产生机制分析的层面实现校正,使得校正精度受限,如随着预见期的增长,校正能力会快速降低,对洪峰附近洪水涨落转折段的校正效果不佳等。此外,水利工程调度运用改变了洪水的天然属性,预报误差在一场洪水过程中也不断改变,变得难以预测。这是目前实时校正在实际应用中准确性难以进一步提升的症结所在。而与之相反,PBC类方法将校正算法融入水文预报的子过程中,溯源误差成因,并分析降雨及产汇流各阶段的误差规律,通过校正子过程的误差从而达到降低最终误差的目的,所以具有物理基础强、校正精度高等特点。但该类方法通常受限于可利用的观测数据和实时信息以及具体的模型结构、参数和状态条件,而且更为主要的是如何深刻了解过程误差产生机理,如何挖掘终端与过程误差之间的传递关系,如何分解终端总误差并量化各子过程误差,始终都是未解的科学难题,所以限制了这类方法在实际中的应用。此外,PBC类校正方法的发展与预报模型的研究进展紧密相关,校正技术的选取在一定程度上受到预报模型的“算法”与“数学表达形式”的影响和制约。

由于目前各类方法均存在一定的不足,且相应的理论进展缓慢,因此实时洪水作业预报中的校正精度往往难以进一步提升。因此,亟须探索集终端误差校正与过程误差校正优点于一体的新方法,对突破实时校正技术瓶颈、完善洪水预报理论以及指导作业预报实际工作意义重大。

## 1.2 研究进展及存在问题

### 1.2.1 洪水预报研究进展

#### 1) 流域水文模型

流域水文模型是洪水预报的核心工具之一，利用流域历史信息、模型当前状态及模型输入信息，对未来一段时间内的流量/水位等变量进行预报[56-58]。20世纪50年代前期，对水文模型的研究处于萌芽期；50年代中期，随着计算机技术引入水文领域，开始将水文循环的全部过程作为一个完整的体系进行探讨；50年代后期，提出了流域水文模型的概念，能够合理概化真实世界的复杂水文现象、过程和规律。自此，水文模型蓬勃发展，大量不同种类和用途的水文模型逐渐涌现[59-74]，成为洪水预报预警作业中不可或缺的核心技术[75-76]。

常见的流域水文模型分类方式有以下三种[77-79]：

(1) 根据描述水文现象随机性规律的方法不同，可将流域水文模型分类为确定性模型和随机模型。① 确定性水文模型的数学结构能够描述水文现象的必然性规律。② 随机水文模型的数学结构能够同时描述水文现象的确定性规律和随机性规律。

(2) 根据描述流域下垫面的方法不同，可将流域水文模型分类为集总式模型和分布式模型。① 集总式水文模型结构简单，假定流域下垫面特征分布均匀，不考虑下垫面的空间变异性，所以应用方便、实用性强。② 分布式水文模型结构复杂且参数多，能真实反映流域下垫面的空间差异性，描述不均匀分布的下垫面特征，所以模型物理意义明确，预报精度更高。

(3) 根据描述流域水文过程的方法不同，可将流域水文模型分类为系统性模型、概念性模型和物理性模型[80-85]。① 系统性水文模型属于黑箱模型，一般采用回归分析方法进行研究，代表性模型包括谢尔曼单位线模型、线性扰动模型、非线性系统模型和神经网络模型等。② 概念性水文模型属于灰箱模型，一般基于物理概念和经验公式进行研究，代表性模型包括新安江模型(XAJ)、水箱模型(Tank)、斯坦福模型(SWM)、API模型(Antecedent Precipitation Index)、HEC-HMS模型(Hydrologic Engineering Center-Hydrologic Modeling

System)和 SCS 模型(Soil Conservation Service)等。③ 物理性水文模型属于白箱模型,一般基于物理定律和流域特性进行研究,代表性模型包括 SHE 模型(System Hydrological European)、IHDM 模型(Institute of Hydrology Distributed Model)、GBHM 模型(Geomorphology-Based Hydrological Model)、TOPKAPI 模型(TOPographic Kinematic Approximation and Integration)、SWAT 模型(Soil and Water Assessment Tool)和 VIC 模型(Variable Infiltration Capacity)等。

**2) 河道洪水演进**

河道洪水演进是指基于河道水力特性,通过数值模拟或解析方法推求洪水波沿程传播过程中流量时空变化规律的技术。其核心是通过上游断面入流过程,计算下游断面流量响应,或利用特定下游断面的水文特征进行洪水预报。圣维南方程组是法国学者 Saint-Venant 在 1871 年提出的明渠非恒定流偏微分方程组,形式简洁,被视为河道洪水演进研究的重要奠基性探索,为该领域奠定了理论基础[86]。但是,由于圣维南方程组的数学求解具有极高的难度,因此需采用其他方法来解决此类问题。同时,在实际应用中,出现了一种半经验、半理论的近似处理方法,称为水文学方法,其通过使用水文学方程组近似代替圣维南方程组来简化计算。随着数值模拟技术和系统论方法的进步,河道洪水演进研究逐渐发展出了水文学方法、水力学方法及系统学方法。

对这三类河道洪水演进方法的介绍如下:

(1) 河道洪水演进的水文学方法。该类方法利用河段水量平衡方程和槽蓄方程描述河道洪水波,即设法寻找相对稳定的单一槽蓄曲线,以代替圣维南方程组中的运动方程,再与连续方程联立求解,具有理论简单、运算简便、所需资料少等优点。水文学方法主要包括两大类演进方法:相应水位(流量)法和流量演进法。相应水位法是一种经验方法,其依据洪水波上的同一位相点(例如洪峰),建立河段上下游断面间的相应水位与传播时间的经验关系,预测从上游断面的实时水位演进到下游断面某个未来时刻的水位[87]。在流量演进方法中,最著名和广泛应用的是马斯京根法,它最早由 Mccarthy 于 1939 年提出[88]。马斯京根法自提出以来不断得到改进,改进思路主要集中在三方面[89]:水量平衡微分方程、槽蓄方程以及参数取值。1987 年,朱华[90]提出了改进的马斯京根法的矩阵方程求解法,在实时预报中起着关键作用:① 参数矩阵的推导可以使用水文学方法或最优化方法，马斯京根法矩阵方程求解法符合线性系统状态方程的数学形式；② 马斯京根法矩阵方程求解法尽管属于线性汇流系统，但该方法考虑了汇流系统的非线性影响，类似于线性系统参数的动态辨识；③ 作为状态方程，该方法可以预报流域内任意干支流的任意时段的流量过程；④ 作为联结方程，该方法可以将流域内各干支流有机地结合成一个整体；⑤ 该方法具有强大的校正能力，预见期与预测精度不存在矛盾，可与卡尔曼滤波技术和其他实时校正技术结合应用。

(2) 河道洪水演进的水力学方法。水力学方法是通过直接求解描述河道洪水波的圣维南方程组来实现的。因此，需考虑洪水波速、河底比降、河道糙率等因素，以更准确地模拟水力要素的时空变化，并更全面地描绘河槽内洪水演进的物理机制。计算机技术的迅速发展推动了水力学方法的快速发展，催生了计算水力学这一新兴分支，使圣维南方程组的数值解成为可能。目前代表性的数值解方法包括有限差分法、有限单元法和有限体积法[91]。

(3) 河道洪水演进的系统学方法。该类方法将河段作为一个系统进行研究，以上断面的入流量作为输入条件，下断面的出流量作为输出条件，且不考虑洪水运动的物理成因，因此模型结构可以被视为一个“黑箱子”。尽管该方法的模型结构简单，对数据要求较低，但无法反映洪水运动的物理本质。目前广泛使用的方法主要有时间序列分析预测法、灰色系统预测模型、人工神经网络预测法等[92]。

### 1.2.2 预报误差研究进展

#### 1) 洪水预报的不确定性

由于目前洪水形成的机理尚未完全明晰，通过构建预报模型模拟洪水的产流、汇流等过程，必然会产生各种预报不确定性，导致洪水预报各个环节出现预报误差[93]。根据不同产生来源，可以将洪水预报误差划分为五类：模型输入误差、模型结构误差、模型参数误差、状态变量初值误差和实测值误差。

对这五类预报误差的具体介绍如下：

(1) 模型输入误差。洪水预报模型的输入数据主要为降水、蒸散发能力等。降雨数据一般为流域面平均降雨量，根据布设在流域上的雨量站点的测量值进行加权平均计算；蒸发数据一般为流域面蒸发量，根据流域上水面蒸发站的测量值进行转换计算。因此，一方面，在获取测量站点的降雨和蒸发数据时，会产生测量精度误差、设备或传输通道故障导致的缺测误差等[94]；另一方面，在计算面降雨量和面蒸发量时，会产生计算误差。一般而言，流域内站网密度越高，布设测站点代表性越好，计算方法/移用关系越合理，计算出的面降水量和面蒸散发量与真实值之间的误差越小[95]，所以《水文站网规划技术导则》(SL 34—2013)[96]对面雨量站网密度的明确规定是不宜大于 200 $km^2$/站，对水面蒸发站网的规定是 2 000～5 000 $km^2$ 设一站。

(2) 模型结构误差。洪水预报模型的结构是基于对流域产汇流物理规律的理解、归纳而概化出来的[97]，所以模型结构难以完全准确地描述流域水文过程。基于概化的模型进行模拟预报不可避免地存在误差，这个误差就是模型结构误差。因此，如果对流域下垫面特征的认识越清楚，对洪水预报模型的概化越真实，那么模型结构误差就会越小。

(3) 模型参数误差。洪水预报模型的参数能够用来表征流域的下垫面状况[98]。其中，有些模型参数是物理性参数，物理意义明确，可以直接测量或根据实际观测推导出来；有些模型参数物理基础不强，需要根据历史资料数据进行率定。所以，预报模型在参数率定的过程中一定会产生参数率定误差，数据的代表性、资料的完整性、率定方法及目标函数的选取等因素决定了参数率定的误差大小[99-100]。因此，对于预报方案的编制，应采用足够多的、完整的、有代表性的场次洪水资料，具体见《水文情报预报规范》(GB/T 22482—2008)[101]。

(4) 状态变量初值误差。类似于模型参数变量，洪水预报模型的状态变量是可以反映真实世界的物理量，具有一定的物理意义。在洪水预报开始时刻赋予的状态变量初值，理论上是可以通过测量或推算得到的，但是在现实中往往难以测量。状态变量的多样性、反映的流域下垫面的不均匀性，均会导致各个状态变量初值的误差[102]。

(5) 实测值误差。作为洪水预报精度的唯一检验标准，实测值通常比预报值更为重要，需要保证其测量的准确性和有效性。但是在实际中，测量过程中会产生受外界条件影响的偶然误差、由测量仪器精密度决定的系统误差、人为因素导致的粗差等[103]，比如洪峰流量测量误差，这些误差都是实测值误差。

**2）洪水预报误差的修正**

不同来源的洪水预报误差将导致最终的洪水预报结果与客观实际值有偏差，从而影响预报模型/方案的预报精度。因此，为了使预报结果更加逼近真实值，必须对预报误差进行修正，以确保洪水预报达到最佳效果。

实时校正也称为实时洪水预报误差修正，是指根据洪水预报过程中不断采集得到的实测、计算、预报等信息，合理修正预报的模型输入、模型参数、状态参数、预报值等变量，进而实时地降低洪水预报误差。

图 1.1 所示是洪水预报实时校正的计算流程。图中，$\mathrm{In}(t-D)$表示 $t-D$ 时刻的实测输入，经预报模型/方案计算，得到预见期 $D$ 时段后 $t$ 时刻的模型预报值/输出值 $\mathrm{Out}(t|t-D)$，这些输出值可以是流域出口断面的流量、水位等，也可以是模型参数、流域土壤含水量等。当获得 $t$ 时刻的相应实际观测值 $\mathrm{Obs}(t)$后，基于模型预报值和实际观测值之间的联系，建立校正模型，对校正后的结果重新进行预报模型/方案计算，得到校正后的模型输出 $\mathrm{Out}(t)$。对下一时刻 $t+1$，依据该时刻的模型输入 $\mathrm{In}(t+1-D)$及上一时刻 $t$ 校正后的输出 $\mathrm{Out}(t)$，进行相同的模型计算和误差校正，得到 $t+1$ 时刻的校正后模型输出 $\mathrm{Out}(t+1)$。重复上述过程，则可实现预见期为 $L$ 时段长（即从 $t\sim t+L$）的洪水过程实时校正预报。

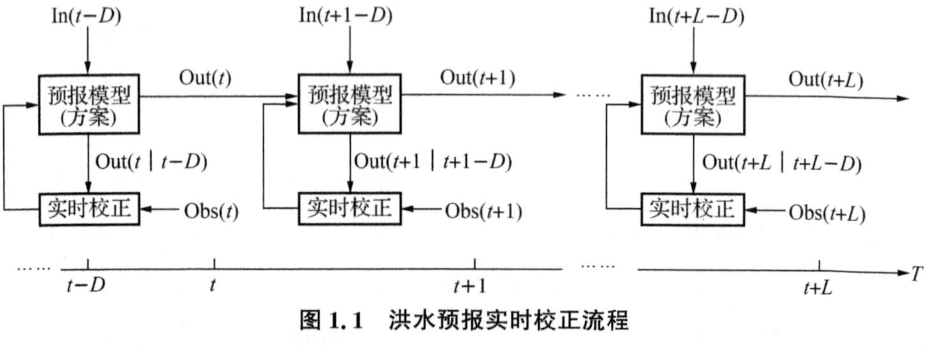


**图 1.1　洪水预报实时校正流程**

## 1.2.3　实时校正研究进展

**1）洪水预报实时校正技术的发展**

校正技术的发展起源于 20 世纪 60 年代。随着系统科学领域中的 SCI——系统论（Systems theory，S）、控制论（Cybernetics，C）和信息论（Information theory，I)从创立期进入成熟期，基于信息处理和系统控制的校正理论与技术也逐步得到完善。

在70年代初，以卡尔曼滤波(Kalman Filter，KF)[104-105]为代表的一批校正技术被应用到洪水预报领域，取得了较好的校正效果，带动了第一次的研究热潮。1978年，美国地球物理联合会(American Geophysical Union，AGU)召开了一次专门针对KF技术理论与应用的国际专题学术讨论会，研讨成果汇编成《KF理论和技术在水文学、水力学和水资源上的应用》论文集[106]。其后，1980年，WMO又召开了一次国际水文预报学术讨论会，该会议汇编的《水文预报》论文集共有46篇学术论文，其中有关KF理论的有16篇[107]。这两本论文集成果丰硕，代表了当时该研究方向的国际最高水平。

相比于国外，我国对校正技术的研究与应用起步较晚，兴起于80年代初，随着洪水预报模型的发展，该技术才逐渐得到重视。早期的校正手段大多采用经验修正方法，即对于一些洪水预报值误差较大的情况，根据专家经验直接对预报结果进行误差修正，以改善预报估计值。同时，也有以时间序列分析为基础的统计类修正方法，即建立预报误差时间序列的自回归模型，根据已有的误差序列对未来的误差序列进行预测。基本上，这些校正方法可与预报模型本身分离，即可独立建模，操作简便、应用灵活。

至80年代后期，随着新理论的涌现和实际应用需求的激增，洪水预报实时校正的研究进入了新的发展时期。其主要特点在于研究工作从校正数学算法的简单引入，发展到适应复杂洪水预报模型和校正模型开拓性的应用研究，随后，各种后处理技术、新校正算法等也应运而生[108-109]。

国内外的洪水预报实时校正方法可归纳为终端误差校正(TBC)和过程误差校正(PBC)两类途径[55]。TBC途径的实质是不直接考虑预报逐环节(子过程)的误差以及误差在各子过程中的传播，而是直接分析处理最终流量或水位的预报误差(终端误差)对终端误差进行校正，从而达到实时更新原预报的目的。这类方法大都基于时间序列分析的自回归模型，假设预报流量/误差具有前后相依联系，根据历史预报流量/误差系列，对未来流量/误差进行预报，从而实现对原预报结果的修正。例如：常用的误差自回归校正模型(Auto-Regressive，AR)、参数简单线性模型(Parametric Simple Linear，PSL)、实测流量代入法、反馈模拟实时校正法(FACT因子校正系数法)、K最邻近校正法(K-

Nearest Neighbor, KNN)、基于水文相似原理的预报误差修正方法、BP 神经网络实时校正法(Back Propagation)等。PBC 途径的本质是先对水文预报各个子过程(如降雨、产流或汇流等)或预报模型的状态变量、参数变量等进行校正,校正后再重新进行预报模型运算得到新的预报值,通过降低预报各环节的误差来达到降低终端误差的目的。例如:经典的 KF 方法、3DVAR 方法(Three-Dimensional Variational Assimilation)、基于 K 均值聚类分析的实时分类修正方法、动态系统响应曲线方法(Dynamic System Response Curve, DSRC)等。当然,TBC 和 PBC 这两类洪水预报实时校正途径也不是截然分割的,有些实时校正方法既可用于终端误差校正,也可用于过程误差校正,还有些方法联合运用了多种校正技术。例如:递推最小二乘校正法(Recursive Least Squares, RLS)、属于"后处理器"性质的校正方法优选的误差修正等。

上述各种校正理论与方法被广泛应用于实时洪水预报的实际工作中,提升了各种洪水预报模型/方案的预报精度。下面主要介绍三类与不同模型/方案结合应用的实时校正方法:水文模型预报误差实时校正技术、河道洪水演进误差的实时校正技术和数据驱动预报误差的实时校正技术。相关研究成果及进展简述如下:

**2) 水文模型预报误差实时校正技术的研究进展**

水文模型洪水预报误差实时校正技术主要针对不同水文模型的输入、输出、中间变量、模型结构或参数进行误差修正。

1970 年,日本学者 Hino[110] 首次将 KF 技术应用于水文模型洪水预报问题。1984 年,葛守西[111]将 KF 技术与蓄满产流模型耦合,实现单独对产流过程的动态实时校正。1987 年,Karlsson 等[112]引入基于时间序列的非参数回归方法的最近邻方法(Nearest Neighbor, NN)以提高降雨径流模型的预报精度。1980 年,美国国家天气局研制的交互式河流预报系统中,也采用了耦合多种修正技术的校正方法[113],用户可以交互式地处理修正信息并灵活地控制修正过程。1991 年,孙桂华[114]从我国目前实用水文预报的实际出发,在分析美国提出的反馈模拟实时校正系统[113]的基础上,提出了一种在预报员经验预报的预见期内充分利用实测水文信息进行洪水反馈模拟的实时校正方法,取得了良好效果。

2000 年,苏志诚等[115]探讨了四种实时校正模型与降雨径流概念性流域水文模型结合的模拟预报效果，其中 AR 模型和 KF 方法的校正能力较好，实测流量相关校正计算方法没能提高预报精度。2001 年，Khu 等[116]提出了将遗传规划(Genetic Programming, GP)误差更新技术应用于实时径流预测的降雨径流模型，能够较准确地预测所有更新间隔。2004 年，刘金平等[117]在分析我国暴雨洪水特性和自然地理条件的基础上，论证了在我国开发交互式洪水预报系统及修正技术的必要性，展望了未来的发展方向。2005 年，张洪刚等[118]提出了综合考虑影响洪水预报精度内、外因素的基于贝叶斯方法的实时洪水校正模型。2007 年，Duan 等[119]采用贝叶斯模型平均(Bayesian Model Averaging, BMA)对 9 种水文预报模型预报结果进行后处理，达到多模型信息同化的校正效果。2006 年，包为民等[120]采用抗差递推最小二乘法代替传统的 RLS 估计 AR 模型参数，提高了 AR 实时校正模型的稳定性。2008 年，赵超等[121]基于包为民等[120]的研究，结合洪水预报模型，建立具有水文学特点、抗差性强的实时洪水抗差预报系统。2008 年，Komma 等[122]采用集合卡尔曼滤波技术(Ensemble Kalman Filter, EnKF)更新了实时土壤水分，提升了分布式降雨径流模型预报精度。2008 年，杨朝晖等[123]采用实时校正量法、KF 法及反馈模拟实时校正法分别对增江流域的新安江模型预报结果进行误差修正，相较之下，反馈模拟实时校正法对预报模型的精度提升效果最好。2008 年，赵锡钢等[124]建立了适合清河水库降雨径流模型的二阶 AR 模型。2009 年，李允军等[125]比较了误差时间序列、反馈模拟、KF 三种实时校正方法在三峡上游水情自动测报系统洪水预报中的应用效果。2014 年，陈攀等[126]采用 AR 模型提高了宝珠寺水库的新安江模型实时洪水预报精度。2014 年，徐宁等[127]将反馈模拟实时校正技术应用于漳河流域的降雨径流模型，利用所有实时系统能获得的信息对预报误差进行实时校正。2014 年，佘亮亮等[128]采用反馈模拟和 AR 模型对周公宅水库洪水预报调度管理系统的洪水预报结果进行实时校正。2015 年，韩通等[129]将 KNN 与 API 模型相结合应用于山区小流域的预报校正，结果表明，KNN 方法优于 BP 校正法和 AR 校正模型，能够更有效地降低洪峰误差，提高预报精度。2017 年，张翼[130]基于反馈模拟校正法对紫兰坝水库洪水预报系统的预报值进行校正，充分利用预见期内水情自动测报系统采集到的水雨情信息，有利于水库的合理调度。2017 年，陈璐等[131]提出了三种能有效减小预报误差的耦合模型，即先校正再组合预报、先组合预报再校正、校正组合预报一体化模型，这三种耦合模型通过耦合处理可有效提高校正精度。2018 年,周梦等[132]从水量、洪峰流量等方面,比较了 AR、KF 和贝叶斯三种实时校正技术对建溪流域的新安江模型预报精度的提升效果。2018 年,孙逸群等[133]应用无迹卡尔曼滤波技术(Unscented Kalman Filter, UKF)构建了集总式新安江模型的实时校正方法,该方法能够通过直接校正模型状态提高模型预报精度。2019 年,徐杰等[134]比较了 KNN、AR 和反馈模拟三种实时校正方法对新安江模型预报精度的提升效果,其中加入历史样本的 KNN 算法最优。2019 年,李漫漫等[135]提出了对流域中间状态量进行全部回溯的修正方法,基于 EnKF 技术逐步降低新安江模型预报误差的累积。2020 年,Sun 等[136]采用 EnKF 和 UKF 技术提升了 WALRUS(Wageningen Lowland Runoff Simulator, WALRUS)模型的实时洪水预报精度。2021 年,Wang 等[137]耦合新安江模型和随机森林方法(Random Forest, RF)进行日径流模拟预报,并采用了小波分析来提高径流模拟的精度。

2012 年,包为民等[138]提出了一种结构简单、方法本身没有参数且与所用的预报模型具有相同的物理成因机理的向信息源追溯的反馈修正方法——动态系统响应曲线方法(DSRC),在近十年成为研究热点。2013 年,司伟等[139]继续完善并提出了基于洪水预报产流误差的 DSRC 修正方法,将新安江模型产流以下的部分作为一个响应系统,基于 RLS 估计原理对产流量进行修正,进而实时校正出流过程,校正精度比 AR 模型更高。2014 年,刘可新等[140]基于司伟等[139]的研究,提出了基于分水源误差修正的 DSRC 校正方法,拓展了 DSRC 的应用范围,将三水源新安江模型各分水源产流形成流量的过程作为一个响应系统。2015 年,包为民等[141]提出了基于自由水蓄量误差修正的 DSRC 校正方法,将新安江模型自由水蓄水库以下的部分视为一个响应系统。2015 年,Si 等[142]提出了基于面平均雨量误差修正的 DSRC 方法,将新安江模型从降雨输入到流量输出都作为一个响应系统。2017 年,包为民等[143]提出了基于总体最小二乘平差理论的 DSRC 方法,该方法既能考虑观测值的误差,又能考虑动态系统响应矩阵存在的误差,并对新安江模型中的土壤含水量进行修正。2017 年,沈丹丹等[144]将实时监测到的土壤墒情转化为流域水文模型可以直接使用的土壤含水量,提出了基于土壤含水量的 DSRC 校正方法。2018 年,Sun 等[145]提出了可同时修正多个初始状态变量的 DSRC 校正方法,可得到更精准的新安江模型预报。2020 年,包为民等[146]提出了将降雨 DSRC 校正方法与概念性水沙模拟模型相结合，以提高水沙过程模拟精度。2020 年，Hou 等[147]提出了基于含沙量误差修正的 DSRC 方法，提高了径流-泥沙耦合模型（Streamflow-Sediment Coupled，SSC）预报含沙洪水的精度。2021 年，Zhang 等[148-149]先后提出了基于空间分布雨量分单元的 DSRC 方法，以及基于流域产流分单元的 DSRC 方法。2021 年，孙逸群[150]改进了批处理形式的 DSRC 方法，并提出了多变量序贯系统响应误差修正方法（Multivariate Sequential System Response，MS-SR）。2020—2021 年，Liang 等[151-153]在 DSRC 理论的基础上进行扩展，提出了考虑洪水预报多源误差的预报全过程联合校正方法，建立多过程误差响应系统，可以同时修正面雨量误差和模型误差。2022 年，Wang 等[154]提出了基于 DSRC 方法与贝叶斯模型平均（Bayesian Model Averaging，BMA）的多模型集合的校正方法，提高了 XAJ、HBV（Hydrologiska Byrans Vattenbalans Model）和 VHY（Vertically Hybrid Yield Model）水文模型的可靠性和预报准确度。

**3）河道洪水演进误差的实时校正技术**

河道洪水演进预报误差实时校正技术主要针对演进河段的上断面入流、区间入流、下断面出流、洪水演进模型结构或参数进行误差修正。

2005 年，葛守西等[155]采用 KF 技术实现了圣维南方程的实时校正，提高了水动力学模型应用于洪水预报的精度水平。2005 年，周全[156]讨论了时变参数法、实测流量代入法、误差预测法及 KF 法，并基于葛守西等[155]的研究，提出了针对单一河道水动力模型的多步交替滤波校正法。2008 年，王船海等[157]将 KF 技术与单一河道水动力学模型相结合，交替进行滤波计算，修正水位与流量的状态，通过局部校正达到对全流域校正的目的。2005 年，Yu 等[158]提出了一种基于模糊时序模型的实时洪水预报误差修正方法，将灰色降雨模型和马斯京根河道演算相结合以提高洪水预报精度。2013 年，常露等[159]将非参数 KNN 实时校正方法与三水源新安江模型和河道行蓄洪调度模型结合，建立了针对淮河中游复杂河道的洪水预报校正系统，提高了预报精度。2014 年，刘开磊等[160]将基于 AR、非参数 KNN 和 KF 的多断面校正方法，分别与一维圣维南方程的水动力学模型联合应用，结果表明 KF 与 KNN 结合构造的综合方法的总体效果最好。2015 年，徐兴亚等[161]建立了基于粒子滤波（Particle Filter，PF）同化方法的河道洪水实时概率预报及校正模型，通过同化监测断面的实测水位数据，对概率预报的水位、流量和糙率进行校正。2016 年，杨瑞祥等[162]构建了基于 PF 同化方法的洪水预报模型，对马斯京根分段连续流量演算过程进行校正，结果表明方法适应性好，预报精度得到提高。2017 年，梁忠民等[163]针对河段洪水演进预报过程中，存在于河道上断面、河段区间入流以及马斯京根法本身的误差，首次基于动力系统反演理论，分别构建三种误差时间序列的演算方程，并进行误差实时校正。2018 年，高益辉等[164]提出了河流系统多点联合校正方法，将 AR 模型与河道水流演进基本方程相结合，利用多站点之间的空间关联性，对整个河流系统的预报误差进行实时校正。

1987 年，朱华[90]首次提出了改进的马斯京根法的矩阵方程求解法，该方法可作为汇流系统的动态方程，可应用 KF 技术进行状态估计，并进行全流域干支流上各个断面的实时修正，适用于任何线性随机系统；对于非线性系统，则基于 EnKF、UKF 及 PF 等改进的滤波技术进行实时校正。2007 年，王船海等[165]提出了一种新的模型噪声方差阵和量测噪声方差阵的实时统计方法，可有效地防止滤波发散现象，采用非线性马斯京根矩阵解法，满足了卡尔曼滤波状态空间表达的要求，提高了实时洪水预报精度。2009 年，何俊仕等[166]针对马斯京根多河段连续演算法预报的洪水过程，采用 BP 神经网络模拟预测径流误差序列，建立的实时校正模型既保证了预报的预见期，又提高了径流过程的预报精度。2012 年，王文鹏等[167]分析了基于预报误差序列的自适应滤波模型、基于卡尔曼滤波的马斯京根矩阵模型以及反馈模拟实时校正模型的原理与适用性，并提出了基于这三种实时校正模型的优选方法，有助于大流域多校正断面的实时洪水预报系统对校正方法进行有效的选择和应用。2021—2022 年，Huang 等[168-169]提出了耦合马斯京根矩阵方程和动力系统反演方程的校正方法，可进一步提高长河道洪水演进精度。

**4）数据驱动预报误差的实时校正技术**

数据驱动预报误差实时校正技术通过数据分析、挖掘，对模型输入、输出等进行误差修正。

2001 年，Babovic 等[170]尝试将人工神经网络模型（Artificial Neural Network，ANN）与洪水观测值结合，通过神经网络分析并预报误差。2002 年，覃光华等[171]采用 KF 技术对 ANN 模型的初级预报结果进行校正，不仅有利于预防过拟合问题，还可提高预报精度。2003 年，熊立华等[172]对比分析了三种基于神经网络的洪水实时预报方案:第一种是神经网络水文模型的模拟模式加模拟误差的 AR 模型,第二种是权重系数固定的神经网络实时预报模型,第三种是权重系数自动更新的神经网络实时预报模型。2006 年,袁晶等[173]在 BP 网络模型的基础上,提出基于遗忘因子的 RLS 实时预报方法和基于误差修正的神经网络实时预报方法,两种预报与校正有机结合的新方法均提高了河道洪水预报模型整体和局部的预报精度。2009 年,Ju 等[174]将 BP 神经网络和新安江模型相结合,进行误差修正研究,取得一定效果。2013 年,黄清烜等[175]建立了基于 BP 神经网络的潼关站含沙量过程预报模型,并利用误差序列建立了相应的 AR 模型对 BP 网络的预报结果进行校正,校正后的泥沙过程预报精度有较显著的提高。2013 年,阚光远等[176]将 KNN 算法、BP 神经网络模拟的数据驱动模型和新安江模型的产汇流计算模块三者耦合构建了 BK 模型(BP-KNN),该模型充分发挥了概念性模型产流计算精度高和黑箱子模型非线性模拟能力强的优势,还解决了常见 BP 模型在无前期实测流量时不能进行连续模拟和损失精度高的问题。然而,前述的这些方法大都基于回归模型(校正模型),理论简单、易于操作。但是,这类模型的基本原理都是根据预报时刻前的误差(变量)规律外推未来误差(变量)的可能变化,所以理论上仅适用于预报变量缓慢变化的预报问题,对洪水涨落变化急剧、预见期要求较长的情况,往往不易取得好的校正效果。

2003 年,瞿思敏等[177]利用误差的相似性扩大实时修正信息量,基于神经网络异联想记忆技术提出了综合实时修正方法。2006 年,Vrugt 等[178]提出了同时优化和数据同化(Data Assimilation, DA)的方法来提升萨克拉曼多土壤湿度会计模型(Sacramento Soil Moisture Accounting Model,SAC-SMA)概念流域模型的精度,该方法融合了用于递归 DA 的 EnKF 的优点来更新模型状态,以及用于批量的混合复杂演化大都市算法来估计模型参数的定常值,同化效果较好。2007 年,张弛等[179]指出随着科技的进步,数据挖掘技术将在水文预报模型参数优化方面具有强大的生命力。2008 年,Bogner 等[180]建立了状态空间模型和小波分析相结合的误差修正方法,提升了集合预报系统的预报精度。2011 年,Pagano 等[181]提出了一种双向通道的误差修正方法,利用长记忆误差信息提高了 GR4J 模型(GRoupe des Programmes d'Apprentissage model)和 COE 模型(NAÏVE coefficient model)的预报精度,填补了静态批处理实时校正方法和仅针对短期瞬态事件的修正方法之间的空白。2012年，DeChant等[182]指出DA技术被越来越多地应用于水文模拟预报中以提高精度。2012年，Liu等[183]总结了DA技术在改善水文预报方面的巨大潜力，回顾了DA技术在水文研究和业务实践中的应用现状，并讨论了在将水文研究转变为具有成本效益的业务预测工具方面存在的或潜在的障碍和挑战。2019年，王东升等[184]基于二次正交回归设计，构建了一种预报误差模拟模型，通过水文相似流域不同断面不同预见期预报误差的相似性，对洪水预报结果进行校正。

综上，根据相似性原理进行洪水预报或误差修正，可充分利用历史上暴雨洪水的实测数据，对未来可能发生的洪水过程提前做出预判，达到增长预见期的目的。但是，由于人类活动影响的加剧(包括水利工程的建设运用)，流域下垫面在不同年代际之间变化较大，相同降雨未必能产生历史上相同的洪水(或反之)，因此洪水资料的非一致性一定程度上影响了这类方法的准确性。

## 1.3 主要研究内容

本书旨在促进洪水预报校正技术的发展，以理论与方法研究为主导，建立一套面向全流域的洪水预报误差同时校正新技术，全面提升实时洪水预报精度。通过仿真模拟试验和实际流域应用，对新方法/技术的实时校正能力进行评估，形成标准化应用范例，实现理论与应用层面的创新，为防洪减灾与水资源管理提供技术支撑。全书共有四章：

第一章论述了本书的研究背景及意义，概述了目前洪水预报研究、预报误差研究、实时校正研究的相关进展，介绍了研究区概况及所采用的数据。

第二章以流域雨量站网密度作为链接因子，挖掘预报过程各环节误差与站网密度间的定量关系，构建以站网密度为基础的洪水预报终端误差到过程误差的解析关系，并形成统一公式。

第三章在第二章成果的基础上，创新一种能链接预报总误差与环节误差的系统响应理论方法，将终端误差的变化反映在过程误差的变化上，通过修正过程误差来修正终端误差，实现洪水预报误差的逐阶段全过程联合校正。

第四章提出全流域洪水预报误差同时校正方法，把整个预报流域看成是一个不可分割的整体，充分利用上游多断面的实测、预报和校正“新息”，准确模拟误差在时间上的演进和在上下游空间上的传递，并将一个过程误差校正的单一维度拓展至多个单元、多个过程、多个变量误差校正的高维度，建立总误差与每个过程的每个变量/单元之间的响应系统，实现更加精细化的来源解析、误差分配与实时校正。

## 1.4 研究区域概况

本书选取江西省饶河流域作为研究区，对提出的洪水预报误差来源分配及解析方法（第二章）、洪水预报全过程误差联合校正方法（第三章）以及全流域洪水预报误差同时校正方法（第四章）进行应用验证研究。饶河流域的地理位置、河网水系及站网分布如图 1.2 所示，其基本资料情况汇总见表 1.1。

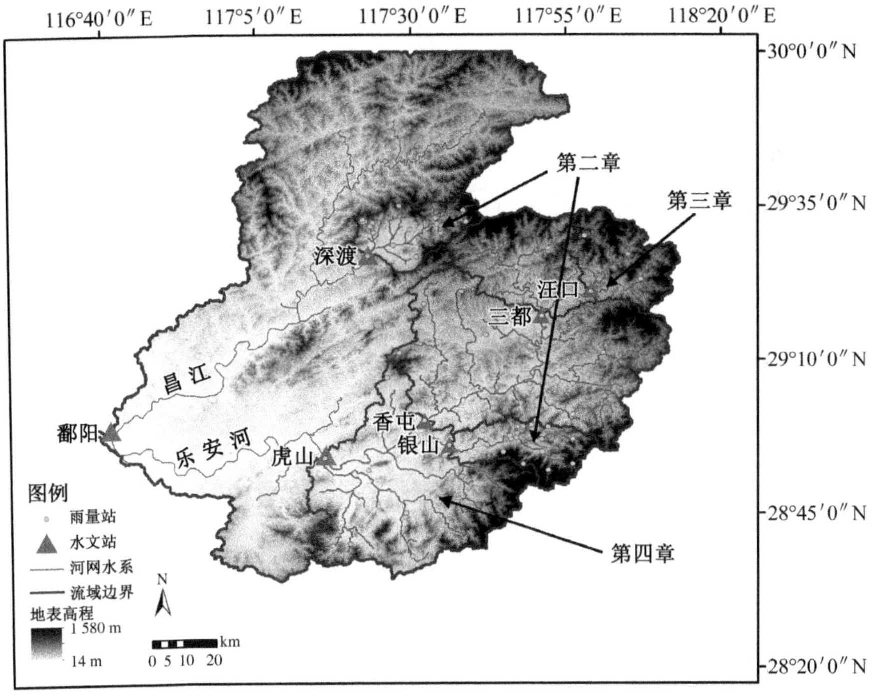


图 1.2 饶河流域的地理位置、水系分布及站点分布

**表 1.1　饶河典型研究流域的基本情况**

| 河流 | 流域名 | 控制面积/$km^2$ | 雨量站个数 | 站网密度/($km^2$/个) | 站网密度/(个/$km^2$) | 资料年限 | 洪水场次/场 | 应用章节 |
|---|---|---|---|---|---|---|---|---|
| 乐安河 | 虎山站以上流域 | 6 261 | 28 | 224 | 0.004 5 | 1990—2019 年 | 30 | 第四章 |
| | 香屯站以上流域 | 3 825 | 16 | 239 | 0.004 2 | 1990—2019 年 | 30 | 第四章 |
| | 三都站以上流域 | 1 372 | 7 | 196 | 0.005 1 | 1990—2019 年 | 30 | 第四章 |
| | 汪口站以上流域 | 587 | 4 | 147 | 0.006 8 | 1990—2019 年 | 30 | 第三、四章 |
| | 银山站以上流域 | 471 | 19 | 25 | 0.040 3 | 2013—2019 年 | 5 | 第二章 |
| 昌江 | 深渡站以上流域 | 466 | 16 | 29 | 0.034 3 | 2013—2019 年 | 5 | 第二章 |

图 1.2 和表 1.1 中饶河典型子流域的自然地理概况、河网水系概况、水文站网概况以及资料选取情况详细介绍如下：

### 1.4.1　自然地理概况

(1) 地形及水系

饶河为长江流域鄱阳湖水系五大河流之一。饶河流域位于江西省东北部，地处东经 116°42′～118°4′、北纬 28°59′～29°54′之间，集水面积为 1.53 万 $km^2$，主河道长 299 km。饶河流域形状呈扇状，其中乐安河为羽形，昌江略似扇形。饶河流域河系发达，支流密布。其中集水面积在 10 $km^2$ 以上的河流有 276 条；集水面积在 100 $km^2$ 以上的支流有 38 条；集水面积在 300 $km^2$ 以上的支流有 12 条，其中乐安河 7 条，昌江 5 条。

(2) 植被及土壤

饶河流域植被良好，上游以乔木为主，松、杉、竹最多，覆盖度达 70%；中游以灌木和杂草为多，覆盖度在 50%左右；下游以杂草为主，覆盖度在 20%左右。土壤以沙壤土和黏壤土为主。岩石以片岩分布最广。

(3) 气候及降水

饶河流域气候湿润，雨量充沛，流域多年平均降水量为 1 850 mm，其中昌江 1 807 mm，乐安河 1 860 mm。多年平均年降水量自东部山区向西部滨湖递减，以德兴怀玉山为暴雨中心，在 1 900 mm 以上，东部一般在 1 800 mm 以上，西部滨湖约 1 500 mm；多年平均水面蒸发量由上游约 800 mm，向下游增加到 1 100 mm，流域平均约 1 000 mm。饶河流域内多雨，且降水年内分配不均匀，每年降水从 3 月份开始逐渐增多；到 5、6 月份开始出现大雨和暴雨，雨量大且持续时间长；7、8、9 月份受副热带高压控制，多产生地方性雷阵雨，持续时间短但强烈；9 月份之后，降水逐渐减少，少数年份因受台风影响，也有达到暴雨程度的降水。

(4) 年径流及历史最大洪水

饶河流域多年平均年径流深为 1 001.5 mm。其中，昌江多年平均年径流深为 925.1 mm，乐安河多年平均年径流深为 1 014.5 mm；昌江年径流系数为 0.52，乐安河年径流系数为 0.54。饶河流域每年 4～7 月上旬为雨季，暴雨集中且易形成较大洪水，少数年份受台风影响，在 8～9 月份也会出现较大洪水。一次雨洪过程一般为 2～3 天，洪水的特点是易涨易落、来势凶猛。新中国成立后，乐安河虎山水文站最大实测流量为 10 100 $m^3/s$(1967 年 6 月 20 日)，最高水位为 31.18 m(2011 年 6 月 16 日)；昌江渡峰坑水文站最大实测流量为 8 600 $m^3/s$，最高水位为 34.27 m(1998 年 6 月 26 日)。

(5) 水利工程/人类活动影响

流域内建有共产主义大型水库，位于乐安河支流车溪水中上游，地处乐平市东北部，东北与婺源县珍珠山交界，东南与历居山接壤，西南、西北与涌山毗邻，离乐平市城区约 40 km，大坝控制流域面积为 155 $km^2$，库容为 1.63 亿 $m^3$。除此之外，整个饶河流域(区域)水利工程数量少且调节能力弱，该区域计算断面的流量过程基本未受人为干扰，保持了天然径流特征。

### 1.4.2 河网与站网概况

饶河由乐安河(东支)与昌江(北支)两大河流组成。其中，东支(干流)乐安河流域面积为 8 820 $km^2$，河长 280 km；北支昌江流域面积为 6 260 $km^2$，河长 254 km。两河在鄱阳县姚公渡汇合后称饶河，汇合口以下流域面积为 220 $km^2$。

**1）饶河干流——乐安河**

乐安河发源于皖赣交界的婺源县五龙山西侧，自东北向西南流经江西省的婺源县、德兴市、乐平市、万年县，至鄱阳县姚公渡与另一支流昌江汇合。德兴市以上为上游，乐平市境内为中游，鄱阳县境以下为下游。乐安河流域内河系发达，自东北至婺源县，水浅流急，且多暗礁。主要支流有溪头水、江湾水、清华水、赋春水、洎水、长乐水、建节水、车溪水、安殷水等。

（1）虎山水文站

虎山水文站是1952年设立在乐安河中游的主要控制站。虎山水文站以上流域的主河长为190 km，河道顺直，河床稳定。当水位达27 m时左岸漫滩，宽约270 m，水位流量关系基本稳定。近年来，由于河道疏浚，水位流量关系稍有偏大趋势（同一水位流量增大）。该站采用吴淞基面，实测年最高水位为31.18 m，发生于2011年；年最大流量为10 100 $m^3/s$，发生于1967年。历史调查洪水以1 882年为最大，推算的洪峰流量为13 000 $m^3/s$。根据历史资料，虎山站在4～7月的汛期，频发暴雨且强度较大。但是由于虎山流域的河槽坡度陡且流域调蓄作用小，出流快，因此主雨峰止至洪峰现历时较短，大约为18 h。一般间隔半天以上的场次降雨不会产生复峰的情况。

本书第四章选取了虎山水文站以上流域1990—2019年的雨洪资料进行方法应用研究，包括干流上游的香屯、三都、汪口3个水文站，以及流域内通信条件稳定、有较长资料系列的28个雨量站，平均每个雨量站的控制流域面积为224 $km^2$，即虎山水文站以上流域的雨量站网密度为0.004 5个/$km^2$。

（2）银山水文站

银山水文站位于德兴市新营街道办红山居委会，属于乐安河中游一级支流洎水，测站以上流域面积为471 $km^2$，地理坐标为东经117°36′21.96″、北纬28°55′57″。1966年1月设立为水文站，观测水位、流量、降水量等。历年实测最高水位为57.74 m，最大流量为1 600 $m^3/s$，均发生于1966年7月8日。本站以上流域呈"Y"形，支流较少，较大支流只有处于上游的暖水河。从主峰雨结束到洪峰出现时间一般为4～6 h。本站河道断面稳定，常年变化较小。河道水位变幅为51～58 m，最大变幅在7 m左右。断面左岸为村庄，右岸为公路。断面上游约300 m处有一座混凝土结构拱桥，下游约700 m处有一座翻板坝，会对低、枯水测流产生影响。

本书第二章选取了银山水文站以上流域2013—2019年的雨洪资料进行方法应用研究，包括流域内通信条件稳定、资料完整的19个雨量站，平均每个雨量站的控制流域面积为25 $km^2$，即银山水文站以上流域的雨量站网密度为0.040 3个/$km^2$。

**2）饶河北支——昌江**

昌江发源于安徽省祁门县的大洪岭、分水岭、吊木岭等诸多大山间。河源位于东经117°55′、北纬29°53′，自东北流向西南，分为上游、中游和下游。一般称潭口以上为上游，河长101 km；潭口至渡峰坑为中游，河长71 km；渡峰坑至汇合口为下游，河长81 km。自祁门至鄱阳主河道平均坡降为0.458‰，支流密布，且多从主流的右岸汇入。

（1）东河

东河是昌江一级支流、饶河二级支流。东河又名鄱源水，发源于皖赣边界分水岭内缘的白石塔和五谷尖。源头山高坡陡，多瀑布，众多涧流融合汇聚，汇成涓涓小溪。东河流域地形东高西低，流域面积为587 $km^2$，主河道长度为70.6 km，主河道纵比降为2.34‰，流域平均高程为245 m，流域平均坡度为7.53%，流域长度为53.0 km，流域形状系数为0.21。流域多年平均降水量为1 943.0 mm，流域内设有深渡、竹岭2个水文站。

（2）深渡水文站

深渡水文站位于景德镇市浮梁县臧湾乡深渡村，测站以上流域面积为466 $km^2$，地处东经117°22′、北纬29°26′，距河口24 km。测验项目包括降水、水位、流量，属二类精度站，为地方报汛的区域代表站，于1958年起有完整水位、流量资料。

本书第二章选取了深渡水文站以上流域2013—2019年的雨洪资料进行方法应用研究，包括流域内资料完整的16个雨量站，平均每个雨量站的控制流域面积为29 $km^2$，即深渡水文站以上流域的雨量站网密度为0.034 3个/$km^2$。

# 第二章

# 洪水预报误差来源分配及解析研究

2019年6月,国际水文科学协会(International Association of Hydrological Sciences,IAHS)由学者讨论并投票选出了水研究领域23个悬而未决的问题[185]。其中,第20个问题为"如何在水文预测中分离并减少模型的结构/参数/输入的不确定性?"。由此可见,水文预测的主要难点之一在于如何将相互关系复杂的模型不确定性分离,并减少这种未知的不确定性。

洪水预报的各种不确定性会导致预报产生误差。根据不同不确定性来源,预报误差可以分为模型输入误差、模型结构误差、模型参数误差、状态变量初值误差及实测值误差。这些计算环节或子过程产生的误差(过程误差)不可避免并相互作用,最终形成了预报结果的总误差(终端误差)。对于不同流域及不同洪水预报模型而言,各环节误差对洪水预报精度的影响程度亦不同。例如,当流域内雨量站数目较少(站网密度稀疏)时,计算的面雨量误差就会较大,则输入环节的误差相对于其他环节误差对终端误差的影响就更大;反之,计算的面雨量误差较小,则模型误差对终端误差的影响就更大。所以,对于所研究的流域,若能建立预报终端误差与各过程误差之间的分配机制,则可将当前预报时刻模型预报的原始终端误差分解到预报的各个子过程中,再通过建立一种链接各过程误差的校正算法,就可实现对过程误差的联合校正;基于各子过程校正后的结果,重新进行模型预报,将会获得更优的预报结果,从而达到降低最终预报误差的目的。此外,该分配机制如果只对本流域的误差分配关系适用,那么缺少实用性。所以还需要进行地区综合,建立区域统一的通用公式,使得该项误差分配技术能够应用在其他地区,如雨量资料短缺地区。

因此,本章的重点为:分析洪水预报过程中的潜在误差源,识别各种来源的过程误差对预报终端误差的影响程度,揭示预报误差分配机制;根据典型流域实际雨洪资料及理想模拟试验数据,量化各过程/环节误差的贡献比例,研究洪水预报终端误差到过程误差的解析关系;以流域雨量站网密度作为链接因子,建立"过程误差-链接因子"的定量关系模型,地区综合形成区域统一公式,并与流域面积、河道长度、坡降等反映流域下垫面特征的固有因子相关联,将普适性的公式应用至不同流域。

# 2.1 预报误差分配解析方法

本章提出了一种洪水预报误差分配解析方法(Distribution of Errors in Flood Forecasting，DEFF)，设计将洪水预报终端总误差定量划分，并按各自的占比分配到各个子过程中。为使问题简化，本书将总误差划分为面雨量误差和模型误差两部分。其中，面雨量误差是指因为测站数量有限而使计算的面雨量具有误差(忽略测量误差)；模型误差是指除面雨量误差以外的所有误差，包括模型结构/参数误差、流域初始状态变量(如土壤含水量等)估算误差等。显然，前者反映的是气象输入条件的影响，后者反映的是下垫面条件的综合影响。

## 2.1.1 洪水预报误差定量划分

洪水预报系统一般可概化成如图 2.1 所示。

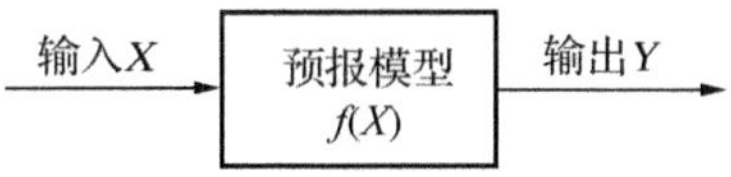


图 2.1　洪水预报系统概化图

将图 2.1 中预报系统(预报模型已选定)的输入与输出之间的关系，描述为非线性函数方程的形式：

$$Y=f(X) \tag{2.1}$$

式中：$X$ 为系统输入；$f(\cdot)$为预报系统函数；$Y$ 为系统输出。

考虑流域出口断面流量的变化主要受面雨量计算值变化和模型参数估计值变化的影响，即系统输出 $Y$ 为洪水流量 $Q$，系统输入 $X$ 包括计算面雨量 $P$ 和模型参数 $\theta$ 两部分。将洪水预报系统式(2.1)表达为：

$$Q=f(P,\theta) \tag{2.2}$$

式中：$P$ 为输入模型的面雨量；$\theta$ 为模型参数；$f(\cdot)$为洪水预报模型；$Q$ 为模型输出的流量。

基于泰勒(Taylor)公式对式(2.2)进行展开，得到一个多项式近似函数，忽略所有高阶项，得：

$$\boldsymbol{Q}(\boldsymbol{P},\boldsymbol{\theta})=f(\boldsymbol{P}_{\mathrm{C}},\boldsymbol{\theta}_{\mathrm{C}})+\boldsymbol{A}\Delta\boldsymbol{P}+\boldsymbol{B}\Delta\boldsymbol{\theta}+\boldsymbol{\zeta} \tag{2.3}$$

其中：

$$\boldsymbol{P}_{\mathrm{C}}=\begin{bmatrix} p_{\mathrm{C1}} \\ p_{\mathrm{C2}} \\ \vdots \\ p_{\mathrm{C}L_P} \end{bmatrix} \tag{2.4}$$

$$\boldsymbol{\theta}_{\mathrm{C}}=\begin{bmatrix} \vartheta_{\mathrm{C1}} \\ \vartheta_{\mathrm{C2}} \\ \vdots \\ \vartheta_{\mathrm{C}L_\theta} \end{bmatrix} \tag{2.5}$$

$$\boldsymbol{A}=\begin{bmatrix} \frac{\partial q_1}{\partial p_1} & \frac{\partial q_1}{\partial p_2} & \cdots & \frac{\partial q_1}{\partial p_{L_P}} \\ \frac{\partial q_2}{\partial p_1} & \frac{\partial q_2}{\partial p_2} & \cdots & \frac{\partial q_2}{\partial p_{L_P}} \\ \vdots & \vdots & & \vdots \\ \frac{\partial q_K}{\partial p_1} & \frac{\partial q_K}{\partial p_2} & \cdots & \frac{\partial q_K}{\partial p_{L_P}} \end{bmatrix} \tag{2.6}$$

$$\boldsymbol{B}=\begin{bmatrix} \frac{\partial q_1}{\partial \vartheta_1} & \frac{\partial q_1}{\partial \vartheta_2} & \cdots & \frac{\partial q_1}{\partial \vartheta_{L_\theta}} \\ \frac{\partial q_2}{\partial \vartheta_1} & \frac{\partial q_2}{\partial \vartheta_2} & \cdots & \frac{\partial q_2}{\partial \vartheta_{L_\theta}} \\ \vdots & \vdots & & \vdots \\ \frac{\partial q_K}{\partial \vartheta_1} & \frac{\partial q_K}{\partial \vartheta_2} & \cdots & \frac{\partial q_K}{\partial \vartheta_{L_\theta}} \end{bmatrix} \tag{2.7}$$

$$\boldsymbol{\Delta P}=\begin{bmatrix} \Delta p_1 \\ \Delta p_2 \\ \vdots \\ \Delta p_{L_P} \end{bmatrix} \tag{2.8}$$

$$\boldsymbol{\Delta\theta}=\begin{bmatrix}\Delta\vartheta_1\\\Delta\vartheta_2\\\vdots\\\Delta\vartheta_{L_\theta}\end{bmatrix}\tag{2.9}$$

$$\boldsymbol{\zeta}=\begin{bmatrix}\zeta_1\\\zeta_2\\\vdots\\\zeta_K\end{bmatrix}\tag{2.10}$$

式中：$Q(\boldsymbol{P},\boldsymbol{\theta})$为流域出口断面的实测流量过程；$f(\boldsymbol{P}_{\mathrm{C}},\boldsymbol{\theta}_{\mathrm{C}})$为预报模型的初始计算流量过程，$\boldsymbol{P}_{\mathrm{C}}$ 和 $\boldsymbol{\theta}_{\mathrm{C}}$ 分别为初始的面雨量计算值和模型参数系列；$\boldsymbol{A}$ 和 $\boldsymbol{B}$ 分别为面雨量计算值和模型参数估计值的响应函数系数矩阵，可以基于向后差分、中心差分或向前差分方法求解得到；$q_1,q_2,\cdots,q_K$ 为流量时间序列，$K$ 为时段长；$\boldsymbol{\Delta P}$ 和 $\boldsymbol{\Delta\theta}$ 分别为面雨量计算值和模型参数的估计误差系列；$\boldsymbol{\zeta}$ 为流量的观测误差项。

对式(2.3)进行变换，将式子右侧的 $f(\boldsymbol{P}_{\mathrm{C}},\boldsymbol{\theta}_{\mathrm{C}})$项移至左侧，得：

$$Q(\boldsymbol{P},\boldsymbol{\theta})-f(\boldsymbol{P}_{\mathrm{C}},\boldsymbol{\theta}_{\mathrm{C}})=\boldsymbol{A}\boldsymbol{\Delta P}+\boldsymbol{B}\boldsymbol{\Delta\theta}+\boldsymbol{\zeta}\tag{2.11}$$

式(2.11)左侧是洪水预报总误差，通过实测流量减去预报流量计算得到；式(2.11)右侧是面雨量误差与模型误差之和。据此分析，洪水预报总误差可定量划分成两部分：一是计算的面雨量不确定性导致的预报误差（面雨量误差），二是模型参数不准确导致的预报误差（模型误差）。即：

$$\boldsymbol{E}_{\mathrm{T}}=\boldsymbol{E}_{\mathrm{P}}+\boldsymbol{E}_{\mathrm{M}}\tag{2.12}$$

其中：

$$\boldsymbol{E}_{\mathrm{T}}=Q(\boldsymbol{P},\boldsymbol{\theta})-f(\boldsymbol{P}_{\mathrm{C}},\boldsymbol{\theta}_{\mathrm{C}})\tag{2.13}$$

$$\boldsymbol{E}_{\mathrm{P}}=\boldsymbol{A}\boldsymbol{\Delta P}\tag{2.14}$$

$$\boldsymbol{E}_{\mathrm{M}}=\boldsymbol{B}\boldsymbol{\Delta\theta}+\boldsymbol{\zeta}\tag{2.15}$$

式中：$\boldsymbol{E}_{\mathrm{P}}$ 为面雨量误差；$\boldsymbol{E}_{\mathrm{M}}$ 为模型误差；$\boldsymbol{E}_{\mathrm{T}}$ 为洪水预报总误差，总误差用预报流量过程与实测流量过程离差绝对值之和表示。

图 2.2 是总误差 $\boldsymbol{E}_{\mathrm{T}}$ 与面雨量误差 $\boldsymbol{E}_{\mathrm{P}}$、模型误差 $\boldsymbol{E}_{\mathrm{M}}$ 的直观示意图。

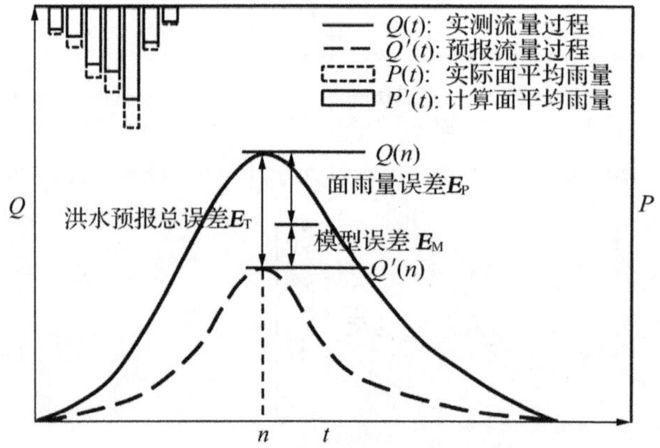


图 2.2 洪水预报总误差与面雨量误差、模型误差的示意图

## 2.1.2 站网密度与各过程误差占比的定量关系建立

实现终端误差与过程误差联合校正的前提是将终端总误差分配至预报的各环节/过程。一般而言，面雨量计算误差的大小与雨量站网密度的低高密切相关。因此，本书以流域雨量站网密度为影响过程误差占比的主要因素，选择雨量站网密度作为链接因子，建立站网密度与各过程误差（面雨量误差和模型误差）占总误差比例的定量关系，实现对预报总误差的分配。具体步骤如下：

(1) 计算不同雨量站网密度下的面平均雨量。借鉴抽站法概念，从试验流域所有 $n$ 个雨量站中随机抽取 $m(=1,2,\cdots,n)$ 个，计算每次抽取的面平均雨量；重复抽样 $m$ 个雨量站 $k(>C_n^m)$ 次，取 $k$ 次的平均值作为 $m$ 个雨量站的面平均雨量，可以均化随机抽样导致的雨量站空间分布不均的影响；最终得到所有 $m(=1,2,\cdots,n)$ 个雨量站的面平均雨量。

(2) 根据 $n$（全部雨量站数目）个雨量站的面平均雨量数据以及流域出口断面的流量资料，率定出一套最优的模型参数（$\boldsymbol{\theta}$）。通常，对于同一场洪水，若雨量站的数目不同，计算的面雨量也会不同，则由出口断面流量与面雨量数据率定出的参数也将不同，即在不同雨量站网密度下率定出的模型参数都不同[186-187]。显然，雨量站网密度越高，计算的面雨量误差越小，由此率定出的模型参数越真实，所代表的水文模型越能够真实反映降雨转换成流量的机制；反之结论相反。

因此，对于雨量站数目充足（站网密度高）的流域，根据流域内全部 $n$ 个雨量站数据率定出的最优模型参数 $\boldsymbol{\theta}$，可以合理表征目前人们对该流域降雨径流转换机制的认识水平及模拟能力。采用这套最优模型参数 $\boldsymbol{\theta}$ 进行模型预报时，产生的模型误差最小，且不可避免、不可消除，代表模型概化的固有误差。

(3) 基于这套率定最优的模型参数 $\boldsymbol{\theta}$，分别计算在不同雨量站网密度 $\rho_m$（$=m/F, m=1,2,\cdots,n, F$ 为流域面积）下的洪水预报总误差 $E_{\mathrm{T},\rho_m}$。由于在不同 $\rho_m$ 下，都采用同一套 $\boldsymbol{\theta}$ 进行模型预报，不再对模型参数进行重新率定和调整，因此，与最优模型参数 $\theta$ 对应的模型误差 $E_{\mathrm{M},\rho_m}$ 是固定的，即在不同 $\rho_m$ 下，模型误差都是同一值：$E_{\mathrm{M},\rho_1}=\cdots=E_{\mathrm{M},\rho_m}=\cdots=E_{\mathrm{M},\rho_n}$。

(4) 当雨量站网密度最高为 $\rho_n$ 时，计算的面雨量误差 $E_{\mathrm{P},\rho_n}$ 可以忽略，即 $E_{\mathrm{P},\rho_n}=0$。根据式(2.12)，则此时模型误差 $E_{\mathrm{M},\rho_n}$ 就等于出口断面流量过程的总误差 $E_{\mathrm{T},\rho_n}$，即 $E_{\mathrm{M},\rho_n}=E_{\mathrm{T},\rho_n}-E_{\mathrm{P},\rho_n}=E_{\mathrm{T},\rho_n}$。所以，在不同雨量站网密度 $\rho_m$ 下，模型误差都等于雨量站网密度最高时的总误差 $E_{\mathrm{T},\rho_n}$，即 $E_{\mathrm{M},\rho_1}=\cdots=E_{\mathrm{M},\rho_n}=E_{\mathrm{T},\rho_n}$。

(5) 基于式(2.12)计算不同 $\rho_m$ 下的面雨量误差 $E_{\mathrm{P},\rho_m}$，即 $E_{\mathrm{P},\rho_m}=E_{\mathrm{T},\rho_m}-E_{\mathrm{M},\rho_m}=E_{\mathrm{T},\rho_m}-E_{\mathrm{T},\rho_n}$。

根据以上步骤，得到所有雨量站网密度 $\rho_m(m=1,2,\cdots,n)$ 下，预报总误差 $E_{\mathrm{T},\rho_m}$ 与面雨量误差 $E_{\mathrm{P},\rho_m}$、模型误差 $E_{\mathrm{M},\rho_m}$ 的一一对应关系，关系见表 2.1。

**表 2.1　流域雨量站网密度与预报总误差、面雨量误差和模型误差的对应关系**

| 雨量站网密度 | 预报总误差 | 面雨量误差 | 模型误差 |
|---|---|---|---|
| $\rho_1=1/F$ | $E_{\mathrm{T},\rho_1}$ | $E_{\mathrm{P},\rho_1}=E_{\mathrm{T},\rho_1}-E_{\mathrm{T},\rho_n}$ | $E_{\mathrm{M},\rho_1}=E_{\mathrm{T},\rho_n}$ |
| $\rho_2=2/F$ | $E_{\mathrm{T},\rho_2}$ | $E_{\mathrm{P},\rho_2}=E_{\mathrm{T},\rho_2}-E_{\mathrm{T},\rho_n}$ | $E_{\mathrm{M},\rho_2}=E_{\mathrm{T},\rho_n}$ |
| ⋮ | ⋮ | ⋮ | ⋮ |
| $\rho_m=m/F$ | $E_{\mathrm{T},\rho_m}$ | $E_{\mathrm{P},\rho_m}=E_{\mathrm{T},\rho_m}-E_{\mathrm{T},\rho_n}$ | $E_{\mathrm{M},\rho_m}=E_{\mathrm{T},\rho_n}$ |
| ⋮ | ⋮ | ⋮ | ⋮ |
| $\rho_n=n/F$ | $E_{\mathrm{T},\rho_n}$ | $E_{\mathrm{P},\rho_n}=0$ | $E_{\mathrm{M},\rho_n}=E_{\mathrm{T},\rho_n}$ |

根据表 2.1，构建雨量站网密度 $\rho_m(m=1,2,\cdots,n)$ 与面雨量误差占比 $\eta_{\mathrm{P},\rho_m}$（$=E_{\mathrm{P},\rho_m}/E_{\mathrm{T},\rho_m}, 0\leqslant\eta_{\mathrm{P},\rho_m}\leqslant 1$）和模型误差占比 $\eta_{\mathrm{M},\rho_m}$（$=E_{\mathrm{M},\rho_m}/E_{\mathrm{T},\rho_m}, 0\leqslant\eta_{\mathrm{M},\rho_m}\leqslant 1$）之间的定量关系，其中 $\eta_{\mathrm{P},\rho_m}+\eta_{\mathrm{M},\rho_m}=1$。定量关系见表 2.2。

**表 2.2　流域雨量站网密度与面雨量误差占比和模型误差占比之间的定量关系**

| 雨量站网密度 | 面雨量误差占比 | 模型误差占比 |
|---|---|---|
| $\rho_1$ | $\eta_{P,\rho_1}=1-\eta_{M,\rho_1}$ | $\eta_{M,\rho_1}=E_{T,\rho_n}/E_{T,\rho_1}$ |
| $\rho_2$ | $\eta_{P,\rho_2}=1-\eta_{M,\rho_2}$ | $\eta_{M,\rho_2}=E_{T,\rho_n}/E_{T,\rho_2}$ |
| ⋮ | ⋮ | ⋮ |
| $\rho_m$ | $\eta_{P,\rho_m}=1-\eta_{M,\rho_m}$ | $\eta_{M,\rho_m}=E_{T,\rho_n}/E_{T,\rho_m}$ |
| ⋮ | ⋮ | ⋮ |
| $\rho_n$ | $\eta_{P,\rho_n}=1-\eta_{M,\rho_n}=0$ | $\eta_{M,\rho_n}=E_{T,\rho_n}/E_{T,\rho_n}=1$ |

基于表 2.2 中的定量关系，以雨量站网密度 $\rho_m$ 为自变量，面雨量误差占比 $\eta_{P,\rho_m}$ 和模型误差占比 $\eta_{M,\rho_m}$ 为因变量，点绘成如图 2.3 所示的 $\rho_m$ 与各过程误差占比（$\eta_{P,\rho_m}$ 和 $\eta_{M,\rho_m}$）的定量关系概化图。从图中可以看出，随着站网密度的增加，面雨量误差占比逐渐减小，模型误差占比逐渐增大。

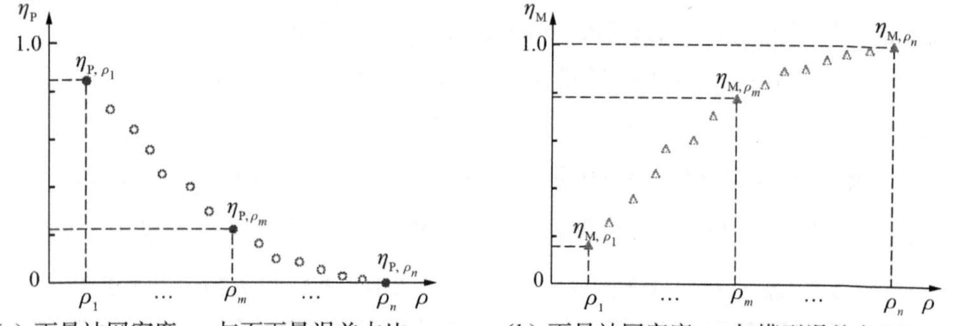


(a) 雨量站网密度 $\rho_m$ 与面雨量误差占比 $\eta_{P,\rho_m}$　　(b) 雨量站网密度 $\rho_m$ 与模型误差占比 $\eta_{M,\rho_m}$

**图 2.3　雨量站网密度与面雨量误差占比、模型误差占比的定量关系概化图**

基于最优曲线拟合算法（如最小二乘法等），对图 2.3 中的数据点进行拟合，得到如图 2.4 所示的两条最优拟合曲线。其中，图 2.4(a)的拟合线是雨量站网密度 $\rho_m$ 与面雨量误差占比 $\eta_{P,\rho_m}$ 的定量关系曲线，图 2.4(b)的拟合线是雨量站网密度 $\rho_m$ 与模型误差占比 $\eta_{M,\rho_m}$ 的定量关系曲线。理论上，这两条最优定量关系曲线的横坐标范围为$[0,+\infty)$，纵坐标范围在$(0,1)$之间，即随着雨量站网密度的增加，站网密度与面雨量误差占比的定量关系曲线逐渐降低，无限接近 $\eta_P=0$，但永远达不到 0；站网密度与模型误差占比的定量关系曲线逐渐上升，无限接近 $\eta_M=1$，但永远达不到 1。

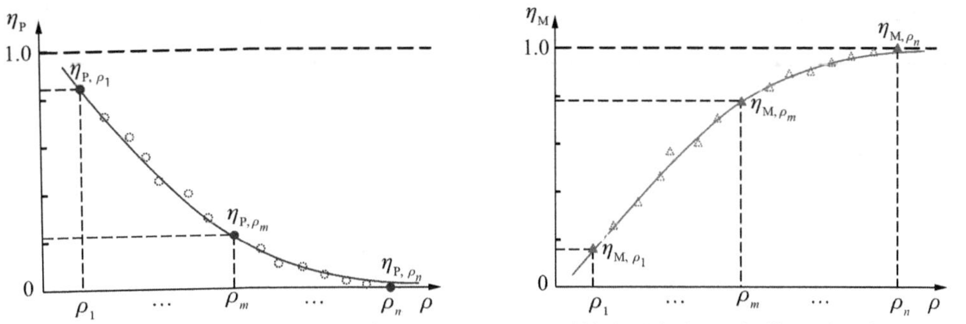


(a) 雨量站网密度 $\rho_m$ 与面雨量误差占比 $\eta_{P,\rho_m}$　(b) 雨量站网密度 $\rho_m$ 与模型误差占比 $\eta_{M,\rho_m}$

**图 2.4　雨量站网密度与面雨量误差占比、模型误差占比的定量关系曲线**

## 2.1.3　区域综合统一的误差解析方程建立

爱因斯坦花 40 年时间，苦苦寻找宇宙大统一方程，想把宇宙 4 种力写在一个方程里，建立大统一理论(Grand Unified Theories，GUTs)。可见，如果能构建区域统一的定量关系，实现定量关系和解析过程的大统一，那么就能在任何区域或流域应用。但是，由于气候、地貌地质、植被覆盖等自然地理条件均会对区域水文特征产生影响，因此同一区域的水体往往具有相似的水文状况及变化规律，构建出的定量关系呈现出区域特征；不同区域水体的水文规律不尽相同，构建的定量关系有相似也有差异，有共性也有个性。因此，可根据流域或地区的水文特征和自然地理条件划分不同的水文分区。

在同一个水文分区内，通过选取多个典型流域，按照第 2.1.2 节中的步骤，建立每个典型流域的雨量站网密度与面雨量误差占比、模型误差占比的定量关系曲线。然后进行地区综合，则可得到该水文分区的两条最优定量关系曲线，如图 2.5 所示。

利用计算机找出该水文分区最优定量关系曲线(图 2.5 所示)的函数关系，构建雨量站网密度与面雨量误差占比、模型误差占比的经验函数关系式。例如有理函数(Rational 函数)关系式：

$$\eta_{P,\rho_m}=f(\rho_m,a,b,\cdots)=\frac{1}{1+a\rho_m^b} \tag{2.16}$$

$$\eta_{M,\rho_m}=\varphi(\rho_m,a,b,\cdots)=1-\frac{1}{1+a\rho_m^b} \tag{2.17}$$

式中：$\eta_{\mathrm{P},\rho_m}$ 为面雨量误差占比；$\eta_{\mathrm{M},\rho_m}$ 为模型误差占比；$\rho_m$ 为雨量站网密度；$a$ 和 $b$ 为 Rational 函数的参数。

函数关系式(2.16)和(2.17)就是一种以站网密度为“链接因子”的洪水预报各过程误差占比的解析方程，据此可实现预报总误差或终端误差在各预报环节间的分配。

同理，在不同的水文分区，可分别建立各分区的误差解析方程。对所有分区的解析方程进行综合统一，形成具有区域特征的解析方程。例如，得到区域的特征参数 $a=1$ 和 $b=0.7$ 的幂函数关系式：

$$\eta_{\mathrm{P},\rho_m}=f(\rho_m)=\frac{1}{1+\rho_m^{0.7}} \tag{2.18}$$

$$\eta_{\mathrm{M},\rho_m}=\varphi(\rho_m)=1-\frac{1}{1+\rho_m^{0.7}} \tag{2.19}$$

式中：$f(\rho_m)$是该区域的雨量站网密度与面雨量误差占比的函数关系；$\varphi(\rho_m)$是该区域的雨量站网密度与模型误差占比的函数关系。

据此，可根据不同水文分区的特征，将该误差解析方程应用于降雨资料短缺、不能建立定量关系的流域(地区)，对该研究区的预报误差进行定量分配。

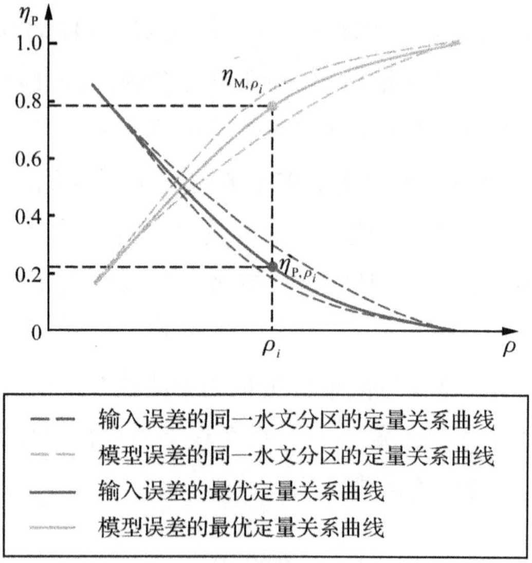


**图 2.5　同一水文分区的最优定量关系曲线**

## 2.2 应用验证及结果分析

为了评估验证本章提出的洪水预报误差分配解析方法(DEFF),将该方法分别应用于饶河的两个典型子流域——深渡站以上流域和银山站以上流域。由表1.1可知,这两个典型流域的雨量站网密度相比于其他流域的站网密度更高,雨量站数目充足且达到我国《水文站网规划技术导则》(SL 34—2013)[96]对站网密度布设的规定,选择在此建立站网密度与各过程误差占比的函数关系。

### 2.2.1 昌江深渡站以上流域

深渡站以上流域位于昌江中上游(如图2.6所示,具体位置见图1.2),流域面积为466 $km^2$,雨量站数目为16个,站网密度为0.034 3个/$km^2$。

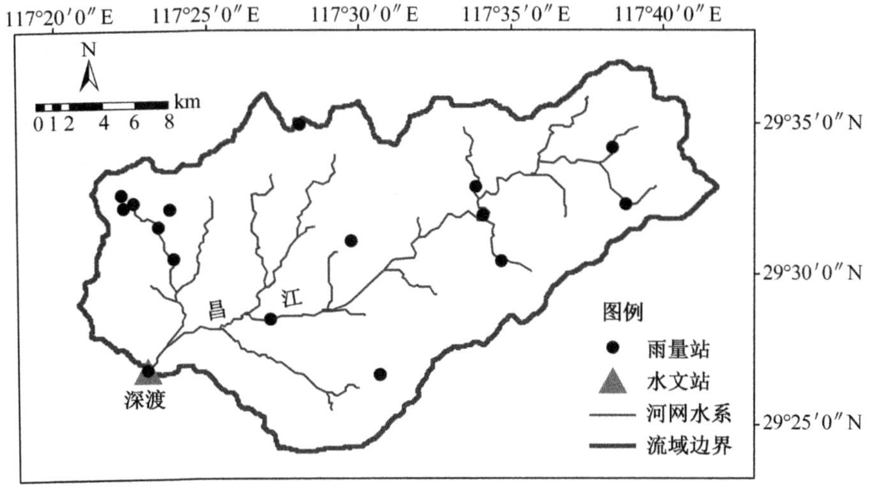


图2.6　深渡站以上流域的地理位置、水系分布及站点分布

基于深渡站以上流域2013—2019年间的5场加密观测资料、洪水实测和预报资料,分别构建流域雨量站网密度与各过程误差占比之间的定量关系,结果如图2.7所示。其中,图2.7(a)、(b)、(c)、(d)和(e)分别为基于洪号为20190703、20160406、20160509、20150630和20130606的5场次洪构建的雨量站网密度$\rho$与面雨量误差占比$\eta_P$和模型误差占比$\eta_M$的定量关系。可以看出这5条定量关系曲线变化趋势一致,彼此相差不大。这说明,虽然不同年份的

场次洪水大小可能差异较大，但根据高密度站网获得的场次洪水资料建立的面雨量误差、模型误差与雨量站网密度之间的定量关系较为稳定。因此，可用图2.7(a)～(e)的平均线代表该流域内的定量关系，即如图2.7(f)所示的定量关系平均线。

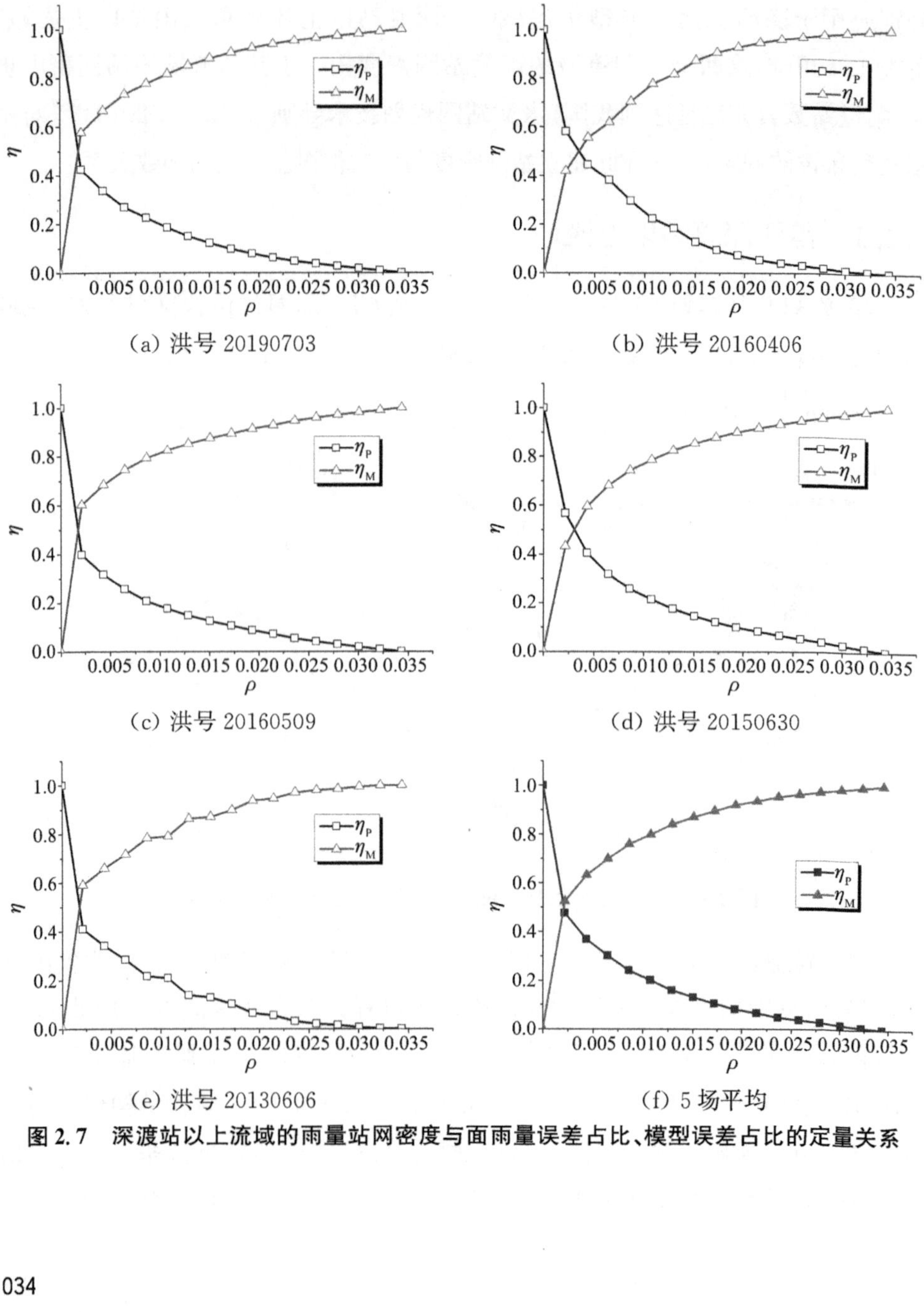


(a) 洪号 20190703　(b) 洪号 20160406

(c) 洪号 20160509　(d) 洪号 20150630

(e) 洪号 20130606　(f) 5 场平均

**图 2.7　深渡站以上流域的雨量站网密度与面雨量误差占比、模型误差占比的定量关系**

## 2.2.2　乐安河银山站以上流域

银山站以上流域位于乐安河中上游(如图 2.8 所示,具体位置见图 1.2),流域面积为 471 $km^2$,雨量站数目为 19 个,站网密度为 0.040 3 个/$km^2$。

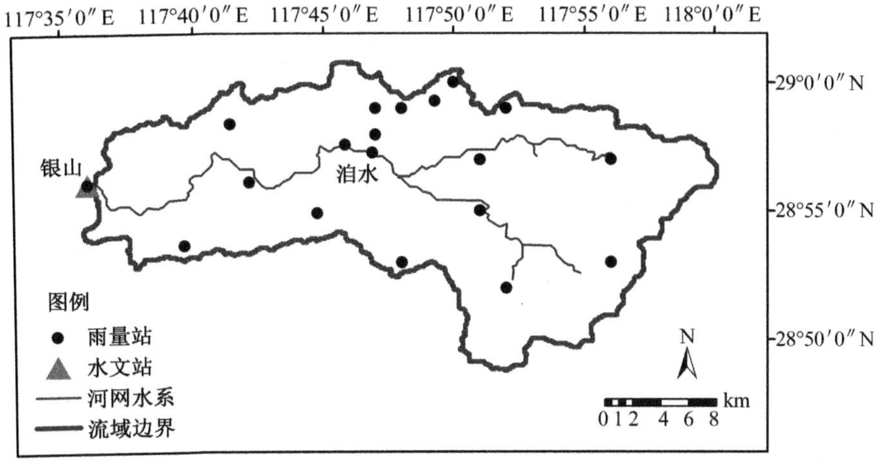


**图 2.8　银山站以上流域的地理位置、水系分布及站点分布**

基于银山站以上流域 2013—2019 年间的 5 场加密观测资料及洪水实测和预报资料,分别构建流域雨量站网密度与各过程误差占比之间的定量关系,如图 2.9 所示。其中,图 2.9(a)、(b)、(c)、(d)和(e)分别为基于洪号为 20190712、20180423、20160601、20150617 和 20140513 的 5 场洪水构建的雨量站网密度 $\rho$ 与面雨量误差占比 $\eta_P$ 和模型误差占比 $\eta_M$ 的定量关系,图 2.9(f)为图 2.9(a)~(e)定量关系的平均线。比较发现,在同一个流域内不同场次洪水建立的定量关系较为接近,可用平均线代表该流域内的平均定量关系。此结论与深渡站以上流域的结论一致。

## 2.2.3　饶河流域通用解析方程

综合图 2.7(f)和图 2.9(f)中的定量关系,得到的结果如图 2.10 所示。从图中可以发现,在深渡站以上流域建立的定量关系与在银山站以上流域建立的定量关系虽然略有差别,但整体上相差不大,说明在邻近的水文相似流域建立的面雨量误差、模型误差与雨量站网密度之间的这种定量关系较为相似。因此，取两个流域的平均值，得到如图 2.11 所示的饶河流域的雨量站网密度 $\rho$ 与各过程误差占比（面雨量误差占比 $\eta_{P,\rho}$ 和模型误差占比 $\eta_{M,\rho}$）的区域通用定量关系。

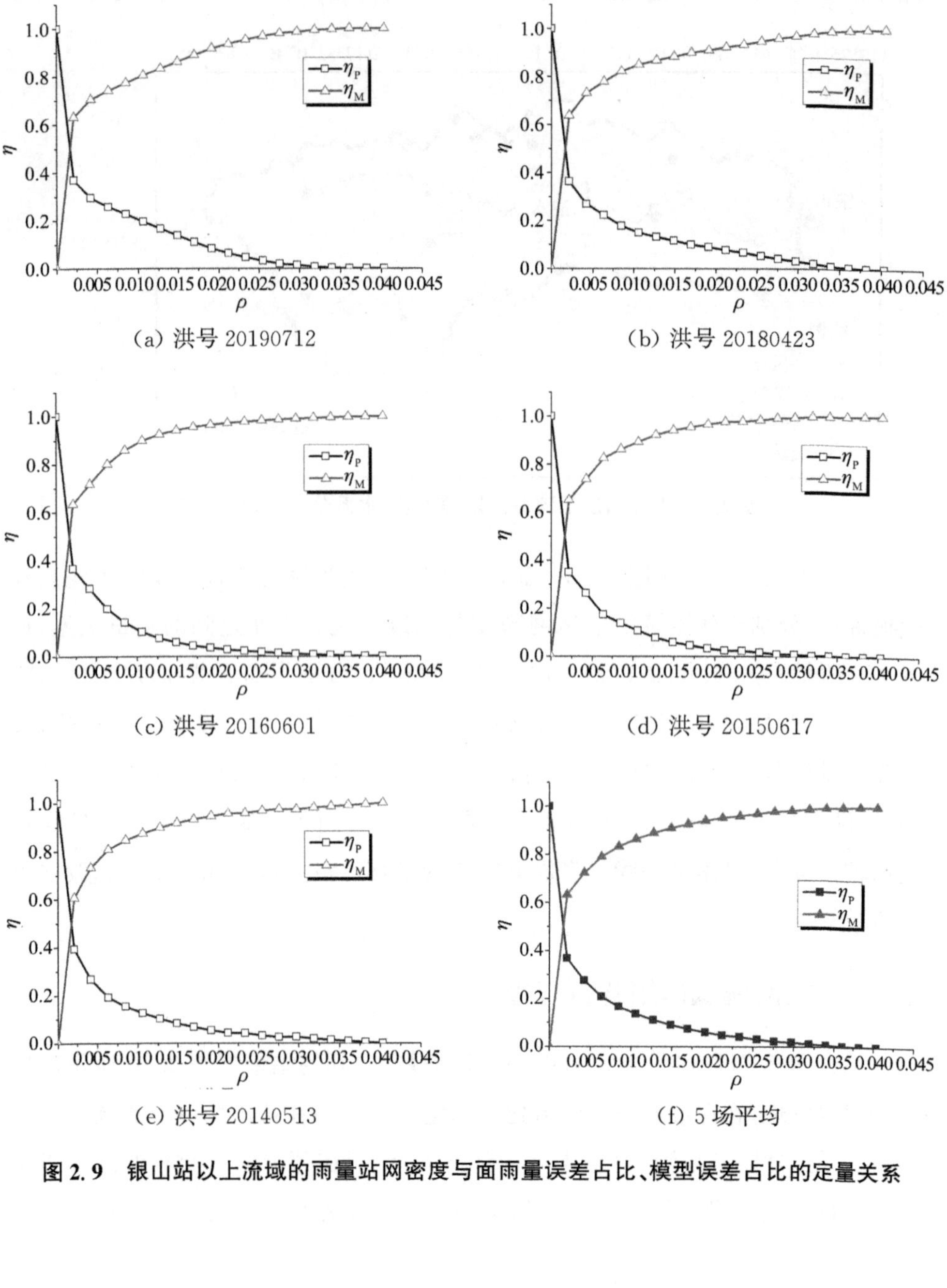


(a) 洪号 20190712　(b) 洪号 20180423

(c) 洪号 20160601　(d) 洪号 20150617

(e) 洪号 20140513　(f) 5 场平均

**图 2.9　银山站以上流域的雨量站网密度与面雨量误差占比、模型误差占比的定量关系**

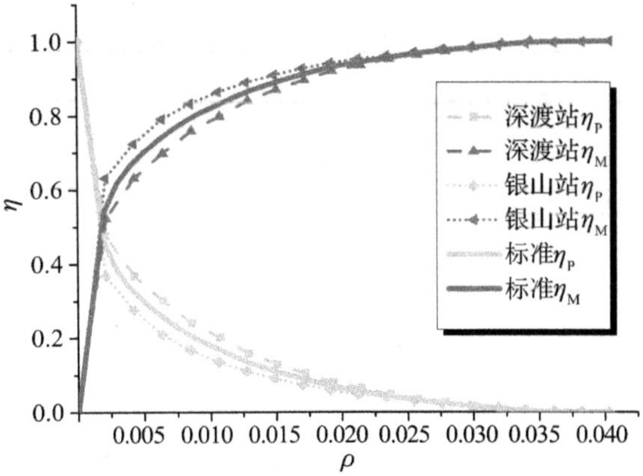


**图 2.10　区域综合统一饶河流域的定量关系**

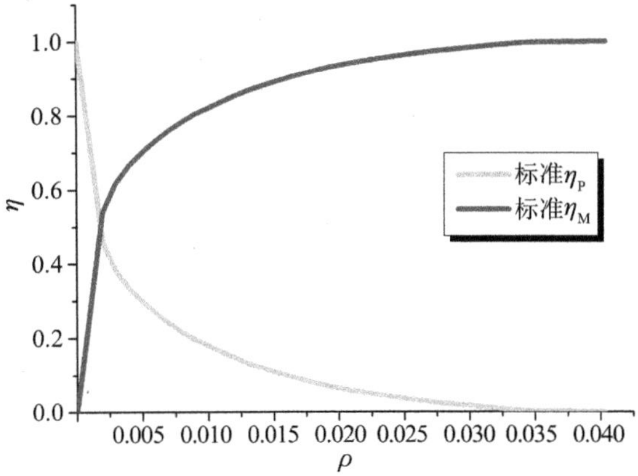


**图 2.11　饶河流域的通用定量关系**

根据建立的饶河流域通用定量关系和曲线，则可地区综合得到区域统一通用的解析方程，即饶河流域的面雨量误差占比 $\eta_{P,\rho}$ 和模型误差占比 $\eta_{M,\rho}$ 与雨量站网密度 $\rho$ 的关系方程如下：

$$\eta_{P,\rho}=\frac{1}{1+1\ 369\rho^{1.2}} \tag{2.20}$$

$$\eta_{M,\rho}=1-\frac{1}{1+1\ 369\rho^{1.2}} \tag{2.21}$$

## 2.3　小结

(1) 本章提出了一种洪水预报误差分配解析方法(DEFF)。通过收集和整理饶河典型研究流域的场次洪水资料，分析并提取实测、洪水预报以及预报误差等信息；解析得到各研究流域的洪水预报终端误差的主要来源及其规律，将洪水预报总误差定量划分为各过程误差（输入误差和模型误差）；基于抽站法理论，构建流域雨量站网密度与各过程误差分配比之间的定量关系；地区综合，建立饶河流域的通用解析方程，该方程可应用至其他研究区，如降雨资料偏少的地区。

（2）DEFF 方法能够定量分离预报过程中的输入误差、模型误差和输出误差，并建立三者之间的互馈解析关系。理论上，该方法有效解决了如何识别并区分洪水预报过程中的诸多误差问题，实现了预报误差的溯源及定量分配。

（3）研究结果表明，DEFF 方法的解析方程形式简洁、特点鲜明，具有直观性强、通用性好的优势。未来可尝试在全国乃至全世界范围内应用 DEFF 方法，构建各个地区/流域内的站网密度与预报误差分配比间的定量关系和解析方程，挖掘相似地区/流域的相似规律，实现大统一。

# 第三章

# 洪水预报全过程误差联合校正研究

洪水预报是防洪非工程措施的重要组成部分，在防灾减灾中发挥着关键作用。然而，自然的复杂和人类认识的局限，使得洪水预报预测不可避免地存在误差，给实际作业预报带来精度瓶颈。因此，实时校正成为降低预报误差、提升预报精度的最后一道屏障，必不可少。

国内外有关洪水预报实时校正方法的研究可分为两类[55]：一是终端误差校正途径（TBC），该途径不考虑洪水预报中间过程误差的各种影响因素，直接对最终的预报误差进行校正；二是过程误差校正途径（PBC），其本质是对水文预报各个过程（如降雨、产流、汇流等）或预报模型的状态变量进行校正，通过降低预报各环节的误差以达到降低终端误差的目的。研究表明，这些传统方法一般都存在物理基础不强、损失预见期和校正效果不理想等缺陷。鉴于此，包为民等[138]提出了动态系统响应曲线方法（DSRC），并将其应用到洪水预报的过程误差校正中，通过将洪水预报终端误差归咎于一个子过程/一个变量产生的误差来进行校正，建立过程误差与终端误差之间的响应函数，最终提升水文预报模型的洪水预报精度。DSRC 校正方法的物理基础强，不损失预见期，且校正效果理想，在近十年成为研究热点。不少研究者在长江、淮河、闽江等流域，借助 DSRC 方法，对新安江模型产流量、自由水蓄量、流域面雨量以及土壤含水量等过程变量和状态变量进行校正，均取得比误差自回归校正模型（AR）更好的校正效果。应用 DSRC 方法进行校正时，认为终端误差只是由洪水预报各个过程（变量）中的某个（或几个）引起的，而剩余的其他过程或变量没有误差，因此，就可将全部的终端误差归咎于一个过程或变量的误差来进行校正。但实际应用时，需要对总误差的来源进行指定，具有一定的经验性。

因此，本章提出一种多源误差联合校正动态系统响应曲线方法（Multi-Source Error Dynamic System Response Curve，MSE-DSRC）。该方法是在前一章研究内容的基础上，通过预报误差定量关系，将终端总误差分配到预报的各环节/过程，对预报全过程误差同时校正，实现“终端-过程”预报误差联合校正。本章将 MSE-DSRC 校正方法与新安江模型联合应用于仿真试验和实际应用中，并与现有 DSRC 校正方法进行比较，以验证 MSE-DSRC 校正方法的合理性和有效性。

## 3.1 多源误差联合校正动态系统响应曲线方法

本章提出的多源误差联合校正动态系统响应曲线方法(MSE-DSRC),基于第二章构建的雨量站网密度与洪水预报误差分配比例之间的定量关系,将研究流域的洪水预报总误差按比例先划分为面雨量误差和模型误差两部分,基于系统响应理论,建立各部分过程误差与终端总误差之间的响应函数系统,再通过系统反演得到面雨量计算误差和模型(参数)误差;修正各误差后重新输入流域水文模型,正演得到校正后的洪水过程,从而实现多种来源误差的逐阶段、全过程联合校正。

### 3.1.1 多源误差定量划分

根据第二章的研究内容,认为在某一流域雨量站网密度 $\rho$ 下,面雨量误差和模型误差是预报输出总误差的两个主要来源,即:

$$E_{\mathrm{T},\rho}=E_{\mathrm{P},\rho}+E_{\mathrm{M},\rho} \tag{3.1}$$

式中:$\rho$ 为雨量站网密度;$E_{\mathrm{T},\rho}$ 为密度 $\rho$ 下的洪水预报总误差;$E_{\mathrm{P},\rho}$ 为密度 $\rho$ 下的面雨量误差;$E_{\mathrm{M},\rho}$ 为密度 $\rho$ 下的模型误差。

如图 3.1 所示,当洪水预报模型已选定时,面雨量计算值和水文模型参数估计值的变化是引起流域出口断面流量变化的两个主要因素。所以,本书研究的面雨量误差以面雨量输入误差为主,模型误差以模型参数率定误差为主。

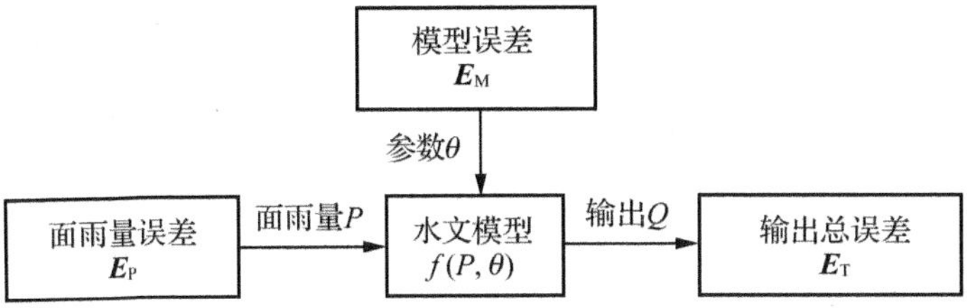


**图 3.1　洪水预报系统概化图**

根据洪水预报模型,计算密度 $\rho$ 下的洪水预报总误差 $E_{\mathrm{T},\rho}$:

$$E_{\mathrm{T},\rho}=Q(\boldsymbol{P}_{\rho},\boldsymbol{\theta}_{\rho})-f(\boldsymbol{P}_{\mathrm{C},\rho},\boldsymbol{\theta}_{\mathrm{C},\rho}) \tag{3.2}$$

式中:$Q(\boldsymbol{P}_{\rho},\boldsymbol{\theta}_{\rho})$为密度 $\rho$ 下的实测流量过程,$\boldsymbol{P}_{\rho}$ 和 $\boldsymbol{\theta}_{\rho}$ 分别为密度 $\rho$ 下的输入

面雨量和模型参数系列；$f(\boldsymbol{P}_{C,\rho},\boldsymbol{\theta}_{C,\rho})$为密度$\rho$下的初始的模型计算流量过程，$\boldsymbol{P}_{C,\rho}$和$\boldsymbol{\theta}_{C,\rho}$分别为密度$\rho$下的面雨量计算值和模型参数初始值系列。

基于第二章提出的DEFF方法，建立研究流域的雨量站网密度$\rho$与各过程误差占比（面雨量误差占比$\eta_{P,\rho}$和模型误差占比$\eta_{M,\rho}$）之间的解析方程：

$$\eta_{P,\rho}=\frac{1}{1+a\rho^{b}} \tag{3.3}$$

$$\eta_{M,\rho}=1-\frac{1}{1+a\rho^{b}} \tag{3.4}$$

式中：$a$和$b$为解析方程的参数。

根据式(3.3)和(3.4)解析得到的密度$\rho$下的面雨量误差占比$\eta_{P,\rho}$和模型误差占比$\eta_{M,\rho}$，将式(3.2)中的研究流域洪水预报总误差$E_{T,\rho}$按照比例定量划分为面雨量误差$E_{P,\rho}$和模型误差$E_{M,\rho}$两部分，即：

$$E_{P,\rho}=\eta_{P,\rho}E_{T,\rho} \tag{3.5}$$

$$E_{M,\rho}=\eta_{M,\rho}E_{T,\rho} \tag{3.6}$$

### 3.1.2 响应函数线性系统建立

偏微分方程线性化是洪水预报过程简化的主要研究思想。2012年，包为民等[138]以偏微分方程差分项线性化为出发点，发现了特征量改变引起的变化率，提出了动态系统响应理论；基于响应函数线性系统，建立了函数中自变量、特征量、参数与因变量间的关系，这就是洪水预报模型不同误差因素从观测流量过程中提取相应的信息所需要的。

但是，动态系统响应理论的研究者们都是针对单个自变量与因变量间的关系建立单一维度的响应函数线性系统，几乎没有考虑多个自变量与因变量间关系的研究。以自变量是降雨量、因变量是洪水流量为例，建立的单变量响应函数线性系统如下：

$$\boldsymbol{\Delta Q}=\boldsymbol{A}\,\boldsymbol{\Delta P}+\boldsymbol{\zeta} \tag{3.7}$$

其中：

$$\boldsymbol{\Delta Q}=\begin{bmatrix}\Delta q_1\\ \Delta q_2\\ \vdots\\ \Delta q_K\end{bmatrix} \tag{3.8}$$

$$\boldsymbol{\Delta P}=\begin{bmatrix}\Delta p_1\\ \Delta p_2\\ \vdots\\ \Delta p_L\end{bmatrix} \tag{3.9}$$

$$\boldsymbol{A}=\begin{bmatrix}\frac{\partial q_1}{\partial p_1} & \frac{\partial q_1}{\partial p_2} & \cdots & \frac{\partial q_1}{\partial p_L}\\ \frac{\partial q_2}{\partial p_1} & \frac{\partial q_2}{\partial p_2} & \cdots & \frac{\partial q_2}{\partial p_L}\\ \vdots & \vdots & & \vdots\\ \frac{\partial q_K}{\partial p_1} & \frac{\partial q_K}{\partial p_2} & \cdots & \frac{\partial q_K}{\partial p_L}\end{bmatrix} \tag{3.10}$$

$$\boldsymbol{\zeta}=\begin{bmatrix}\zeta_1\\ \zeta_2\\ \vdots\\ \zeta_K\end{bmatrix} \tag{3.11}$$

式中：$\boldsymbol{\Delta Q}$ 为洪水流量的预报误差向量，$\Delta q_1,\Delta q_2,\cdots,\Delta q_K$ 为洪水流量在 $K$ 时刻的变化量；$\boldsymbol{\Delta P}$ 为降雨量的计算误差向量，$\Delta p_1,\Delta p_2,\cdots,\Delta p_L$ 为降雨量在 $L$ 时刻的变化量；$\boldsymbol{A}$ 为降雨量的响应函数系数矩阵，通过对降雨量计算值向后差分求解得到，即 $\frac{\partial q_K}{\partial p_L}=\frac{q_K-q_{K-1}}{p_L-p_{L-1}}$，$q_1,q_2,\cdots,q_K$ 为洪水流量时间序列，$K$ 为洪水时段长；$\boldsymbol{\zeta}$ 为误差向量，$\zeta_1,\zeta_2,\cdots,\zeta_K$ 为 $K$ 时刻的误差。

本书提出的校正方法是在动态系统响应理论的基础上进行拓展，由单变量扩展为多变量，进而对多变量/多过程误差进行联合校正。

以校正降雨误差 $\boldsymbol{E}_{\mathrm{P},\rho}$ 和模型误差 $\boldsymbol{E}_{\mathrm{M},\rho}$ 这两部分过程误差为例。根据式(3.1)与式(3.5)和式(3.6)，建立研究流域的输入误差与各过程误差之间的响应函数线性系统：

$$\boldsymbol{E}_{\mathrm{T},\rho}=\boldsymbol{E}_{\mathrm{P},\rho}+\boldsymbol{E}_{\mathrm{M},\rho}=\eta_{\mathrm{P},\rho}\boldsymbol{E}_{\mathrm{T},\rho}+\eta_{\mathrm{M},\rho}\boldsymbol{E}_{\mathrm{T},\rho}=\boldsymbol{A}\boldsymbol{\Delta P}_\rho+\boldsymbol{B}\boldsymbol{\Delta\theta}_\rho+\boldsymbol{\zeta}_\rho \tag{3.12}$$

其中：

$$\boldsymbol{\Delta P}_\rho=\begin{bmatrix}\Delta p_{1,\rho}\\ \Delta p_{2,\rho}\\ \vdots\\ \Delta p_{L_{\mathrm{P}},\rho}\end{bmatrix} \tag{3.13}$$

$$\boldsymbol{\Delta\theta}_{\rho}=\begin{bmatrix}\Delta\vartheta_{1,\rho}\\\Delta\vartheta_{2,\rho}\\\vdots\\\Delta\vartheta_{L_{\theta},\rho}\end{bmatrix} \tag{3.14}$$

$$\boldsymbol{A}=\begin{bmatrix}\frac{\partial q_1}{\partial p_1} & \frac{\partial q_1}{\partial p_2} & \cdots & \frac{\partial q_1}{\partial p_{L_P}}\\ \frac{\partial q_2}{\partial p_1} & \frac{\partial q_2}{\partial p_2} & \cdots & \frac{\partial q_2}{\partial p_{L_P}}\\ \vdots & \vdots & & \vdots\\ \frac{\partial q_K}{\partial p_1} & \frac{\partial q_K}{\partial p_2} & \cdots & \frac{\partial q_K}{\partial p_{L_P}}\end{bmatrix} \tag{3.15}$$

$$\boldsymbol{B}=\begin{bmatrix}\frac{\partial q_1}{\partial \vartheta_1} & \frac{\partial q_1}{\partial \vartheta_2} & \cdots & \frac{\partial q_1}{\partial \vartheta_{L_\theta}}\\ \frac{\partial q_2}{\partial \vartheta_1} & \frac{\partial q_2}{\partial \vartheta_2} & \cdots & \frac{\partial q_2}{\partial \vartheta_{L_\theta}}\\ \vdots & \vdots & & \vdots\\ \frac{\partial q_K}{\partial \vartheta_1} & \frac{\partial q_K}{\partial \vartheta_2} & \cdots & \frac{\partial q_K}{\partial \vartheta_{L_\theta}}\end{bmatrix} \tag{3.16}$$

$$\boldsymbol{\zeta}_{\rho}=\begin{bmatrix}\zeta_{1,\rho}\\\zeta_{2,\rho}\\\vdots\\\zeta_{K,\rho}\end{bmatrix} \tag{3.17}$$

式中：$\boldsymbol{\Delta P}_{\rho}$ 为密度 $\rho$ 下的面雨量计算值，$\Delta p_{1,\rho},\Delta p_{2,\rho},\cdots,\Delta p_{L_P,\rho}$ 为密度 $\rho$ 下的面雨量计算值在 $L_P$ 时刻的变化量；$\boldsymbol{A}$ 为面雨量计算值的响应函数系数矩阵，基于向后差分求解得到，即 $\frac{\partial q_K}{\partial p_{L_P}}=\frac{q_K-q_{K-1}}{p_{L_P}-p_{L_P-1}}$；$\boldsymbol{\Delta\theta}_{\rho}$ 为密度 $\rho$ 下的模型参数，$\Delta\vartheta_{1,\rho},\Delta\vartheta_{2,\rho},\cdots,\Delta\vartheta_{L_\theta,\rho}$ 为密度 $\rho$ 下的模型参数的变化量；$\boldsymbol{B}$ 为模型参数估计值的响应函数系数矩阵，计算方式同 $\boldsymbol{A}$，即 $\frac{\partial q_K}{\partial \vartheta_{L_\theta}}=\frac{q_K-q_{K-1}}{p_{L_\theta}-p_{L_\theta-1}}$；$q_1,q_2,\cdots,q_K$ 为洪水流量时间序列，$K$ 为洪水时段长；$p_1,p_2,\cdots,p_{L_P}$ 为面雨量计算值序列，$L_P$

为降雨时段长；$\vartheta_1,\vartheta_2,\cdots,\vartheta_{L_\theta}$ 为模型参数序列，$L_\theta$ 为参数序列长；$\boldsymbol{\zeta}_\rho$ 为密度 $\rho$ 下的误差项，$\zeta_{1,\rho},\zeta_{2,\rho},\cdots,\zeta_{K,\rho}$ 为密度 $\rho$ 下的 $K$ 时刻的误差。

据式(3.12)得到：

$$\boldsymbol{E}_{\mathrm{P},\rho}=\boldsymbol{A}\boldsymbol{\Delta P}_\rho \tag{3.18}$$

$$\boldsymbol{E}_{\mathrm{M},\rho}=\boldsymbol{B}\boldsymbol{\Delta\theta}_\rho \tag{3.19}$$

基于经典最小二乘(Least Squares, LS)原理，得到面雨量校正量系列和模型参数校正量系列：

$$\boldsymbol{\Delta P}_\rho=(\boldsymbol{A}^{\mathrm{T}}\boldsymbol{A})^{-1}\boldsymbol{A}^{\mathrm{T}}\boldsymbol{E}_{\mathrm{P},\rho}=\eta_{\mathrm{P},\rho}(\boldsymbol{A}^{\mathrm{T}}\boldsymbol{A})^{-1}\boldsymbol{A}^{\mathrm{T}}\boldsymbol{E}_{\mathrm{T},\rho} \tag{3.20}$$

$$\boldsymbol{\Delta\theta}_\rho=(\boldsymbol{B}^{\mathrm{T}}\boldsymbol{B})^{-1}\boldsymbol{B}^{\mathrm{T}}\boldsymbol{E}_{\mathrm{M},\rho}=\eta_{\mathrm{M},\rho}(\boldsymbol{B}^{\mathrm{T}}\boldsymbol{B})^{-1}\boldsymbol{B}^{\mathrm{T}}\boldsymbol{E}_{\mathrm{T},\rho} \tag{3.21}$$

式中：$\boldsymbol{\Delta P}_\rho$ 为面雨量校正量系列，$\boldsymbol{\Delta\theta}_\rho$ 为模型参数校正量系列；$\eta_{\mathrm{P},\rho}$ 为面雨量误差占比，$\eta_{\mathrm{M},\rho}$ 为模型误差占比；$\boldsymbol{A}$ 为面雨量计算值的响应函数矩阵，$\boldsymbol{B}$ 为模型参数估计值的响应函数矩阵；洪水预报总误差系列 $\boldsymbol{E}_{\mathrm{T},\rho}$ 为实测流量系列 $Q(\boldsymbol{P},\boldsymbol{\theta},\boldsymbol{t})$ 与模型预报流量系列 $f(\boldsymbol{P}_{\mathrm{C},\rho},\boldsymbol{\theta}_{\mathrm{C},\rho},\boldsymbol{t})$ 的差值，$\boldsymbol{P}_{\mathrm{C},\rho}$ 为校正前的面雨量系列，$\boldsymbol{\theta}_{\mathrm{C},\rho}$ 为校正前的模型参数系列。

### 3.1.3　预报误差全过程联合校正

将式(3.20)和式(3.21)得到的面雨量校正量和模型参数校正量，加到原面雨量 $\boldsymbol{P}_{\mathrm{C},\rho}$ 和模型参数 $\boldsymbol{\theta}_{\mathrm{C},\rho}$ 上，则可得到校正后的面雨量系列 $\boldsymbol{P}'_{\mathrm{C},\rho}$ 和校正后的模型参数系列 $\boldsymbol{\theta}'_{\mathrm{C},\rho}$：

$$\boldsymbol{P}'_{\mathrm{C},\rho}=\boldsymbol{P}_{\mathrm{C},\rho}+\boldsymbol{\Delta P}_\rho \tag{3.22}$$

$$\boldsymbol{\theta}'_{\mathrm{C},\rho}=\boldsymbol{\theta}_{\mathrm{C},\rho}+\boldsymbol{\Delta\theta}_\rho \tag{3.23}$$

将校正后的 $\boldsymbol{P}'_{\mathrm{C},\rho}$ 和 $\boldsymbol{\theta}'_{\mathrm{C},\rho}$ 重新输入预报模型，便可得到校正后的出口断面流量过程 $Q'_{\mathrm{C},\rho}(t)$：

$$Q'_{\mathrm{C},\rho}(t)=f(\boldsymbol{P}'_{\mathrm{C},\rho},\boldsymbol{\theta}'_{\mathrm{C},\rho},t) \tag{3.24}$$

### 3.1.4　方法校正流程

综上，为了帮助梳理第 3.1.1 节至 3.1.3 节的基本概念，将 MSE-DSRC 校正方法的计算流程绘制于图 3.2 中，具体计算步骤如下：

**步骤 1：** 针对雨量站网密度为 $\rho$ 的流域，将模型输入 $\boldsymbol{P}_{\mathrm{C},\rho}$ 和模型参数 $\boldsymbol{\theta}_{\mathrm{C},\rho}$ 输入预报模型，得到洪水预报结果 $f(\boldsymbol{P}_{\mathrm{C},\rho},\boldsymbol{\theta}_{\mathrm{C},\rho})$；基于式(3.2)，减去实测洪水流量 $Q(\boldsymbol{P}_\rho,\boldsymbol{\theta}_\rho)$，得到洪水预报终端总误差 $\boldsymbol{E}_{\mathrm{T},\rho}$。

**步骤 2**：根据第二章提出的 DEFF 方法，建立雨量站网密度与各过程误差占比的区域综合统一的解析方程；基于式(3.3)和式(3.4)，计算面雨量误差占比 $\eta_{\mathrm{P},\rho}$ 和模型误差占比 $\eta_{\mathrm{M},\rho}$。

**步骤 3**：基于式(3.5)和式(3.6)，将洪水预报总误差 $\boldsymbol{E}_{\mathrm{T},\rho}$ 定量划分为面雨量误差 $\boldsymbol{E}_{\mathrm{P},\rho}$ 和模型误差 $\boldsymbol{E}_{\mathrm{M},\rho}$ 两部分。

**步骤 4**：基于式(3.12)，建立输出误差与各过程误差之间的响应函数线性系统，其中 $\boldsymbol{A}$ 和 $\boldsymbol{B}$ 分别为面雨量计算值的响应函数系数矩阵和模型参数估计值的响应函数系数矩阵。

**步骤 5**：基于式(3.20)和式(3.21)，对洪水预报误差全过程进行联合校正，得到面雨量校正量 $\boldsymbol{\Delta P}_{\rho}$ 和模型参数校正量 $\boldsymbol{\Delta\theta}_{\rho}$。

**步骤 6**：基于式(3.22)和式(3.23)，得到校正后的面雨量系列 $\boldsymbol{P}'_{\mathrm{C},\rho}$ 和校正后的模型参数系列 $\boldsymbol{\theta}'_{\mathrm{C},\rho}$，重新预报得到校正后的出口断面流量过程 $Q'_{\mathrm{C},\rho}(t)$。

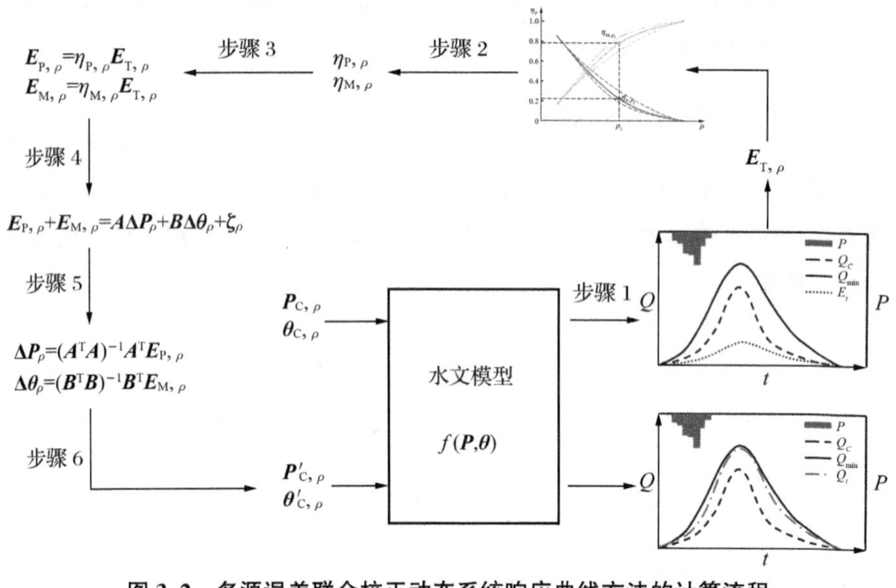


**图 3.2　多源误差联合校正动态系统响应曲线方法的计算流程**

## 3.2　应用验证及结果分析

为评估本书提出的全流域预报误差校正新方法的校正能力，设计了理想雨洪样本的仿真模拟试验(受控情况,每个误差源的真实值已知)、实际代表性流域雨洪样本的应用验证(真实情况,有多个未知误差源的干扰)两套方案,对于任一种雨洪资料条件,将新的校正方法与已有的代表性方法进行对比,以此检验校正新方法的适用性和先进性。具体方案描述如下:将提出的 MSE-DSRC 校正方法与新安江模型相结合,应用于饶河典型流域的场次洪水中,通过仿真试验案例和实际应用案例,与 DSRC 校正方法进行比较,采用多个精度评价指标,定量评估 MSE-DSRC 方法的校正能力。

### 3.2.1 洪水预报模型

饶河流域多年平均年降水量为 1 850 mm,属于湿润地区。所以,本书采用新安江模型(XAJ)对饶河典型研究流域进行实时洪水预报。河海大学赵人俊教授在 1973 年提出了二水源新安江模型[4],该模型成为国内第一个完整的流域水文模型,至今仍被广泛使用[188]。20 世纪 80 年代中期,赵人俊借鉴山坡水文学的概念引入壤中流,改进提出了三水源新安江模型。

三水源新安江模型的计算流程如图 3.3 所示。从图中虚线框可以看出,新安江模型由蒸散发模块、产流模块、分水源模块和汇流模块这四个主要模块构成。此外,三水源新安江模型是一个分散式参数的模型(Distributed Parameter Model),特点是三分:分单元(降雨分布不均、下垫面分布不均)、分水源(地表水、壤中流、地下水)和分阶段(坡面汇流阶段、河网汇流阶段)。

新安江模型参数共有 18 个,其中敏感性参数有 11 个,具体介绍见表 3.1。如图 3.3 所示,图中虚线框内的是状态变量,框外的是模型参数,大部分参数可以直接进行定量计算。在进行调参时,必须首先进行日模型参数率定,比如确定蒸散发模块和产流模块的参数部分分水源模块和汇流模块的参数以及初始状态变量,然后再进行次洪模型参数率定。根据《水文情报预报规范》(GB/T 22482—2008)[101],调试时以年径流量绝对误差最小以及确定性系数最大为目标函数。

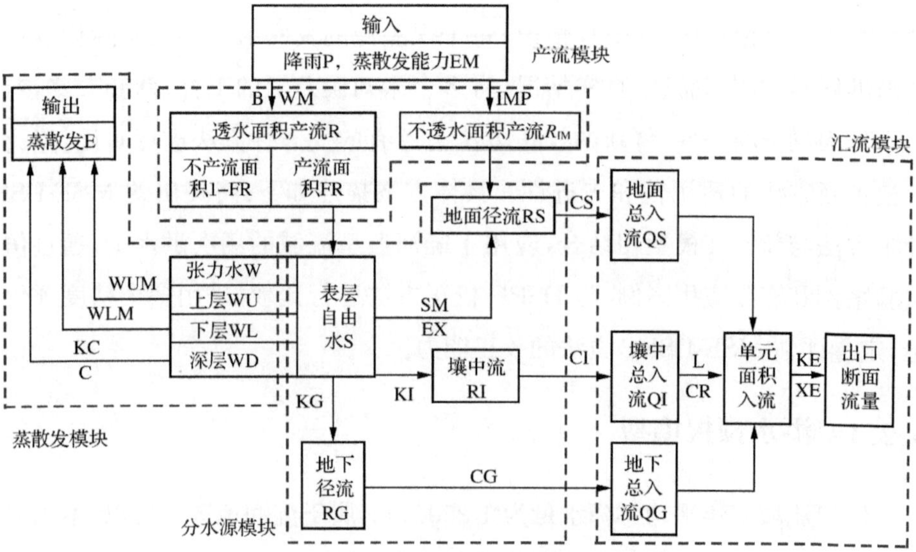


**图 3.3　三水源新安江模型的计算流程**

**表 3.1　三水源新安江模型的参数**

| 模块 | 参数 | 参数意义(单位) | 敏感程度 |
|---|---|---|---|
| 蒸散发模块 | KC | 流域蒸散发折算系数 | 敏感 |
| | WUM | 上层张力水容量(mm) | 不敏感 |
| | WLM | 下层张力水容量(mm) | 不敏感 |
| | C | 深层蒸散发折算系数 | 不敏感 |
| 产流模块 | WM | 流域平均张力水容量(mm) | 不敏感 |
| | B | 张力水蓄水容量曲线方次 | 不敏感 |
| | IMP | 不透水面积占全流域面积的比例 | 不敏感 |
| 分水源模块 | SM | 表层自由水蓄水容量(mm) | 敏感 |
| | EX | 表层自由水蓄水容量曲线方次 | 不敏感 |
| | KG | 表层自由水蓄水库对地下水的日出流系数 | 敏感 |
| | KI | 表层自由水蓄水库对壤中流的日出流系数 | 敏感 |
| 汇流模块 | CS | 地面径流消退系数 | 敏感 |
| | CI | 壤中流消退系数 | 敏感 |
| | CG | 地下水消退系数 | 敏感 |
| | CR | 河网蓄水消退系数(单位线) | 敏感 |
| | L | 滞时(h) | 敏感 |
| | KE | 马斯京根法演算参数(h) | 敏感 |
| | XE | 马斯京根法演算参数 | 敏感 |

### 3.2.2 精度评价指标

为了对洪水模拟预报的精度进行全面评估，针对洪水事件的洪峰、洪量以及洪水过程这 3 个关键性特征，选择了 4 个统计指标来定量评价洪水预报精度，并采用雷达图的形式统一展示。

各个精度评价指标的具体计算公式、许可误差及精度等级介绍如下：

（1）洪峰流量相对误差

$$\delta Q_{\mathrm{m}}=\frac{(Q_{\mathrm{m,c}}-Q_{\mathrm{m,obs}})}{Q_{\mathrm{m,obs}}}\times 100\% \tag{3.25}$$

式中：$Q_{\mathrm{m,c}}$ 为预报洪峰流量；$Q_{\mathrm{m,obs}}$ 为实测洪峰流量；$\delta Q_{\mathrm{m}}$ 为洪峰流量相对误差。$\delta Q_{\mathrm{m}}$ 的绝对值越小，表明预报洪峰流量与实测洪峰流量之间的差异越小。

《水文情报预报规范》(GB/T 22482—2008)规定将实测洪峰流量的 20%作为 $\delta Q_{\mathrm{m}}$ 的许可误差[101]。

如果预报的 $\delta Q_{\mathrm{m}}$ 小于许可误差，那么该次预报为合格预报；反之则结论相反。合格预报次数占预报总次数的百分数为合格率，合格率越高代表预报项目总体精度水平越高。合格率的计算公式为：

$$QR=\frac{n}{m}\times 100\% \tag{3.26}$$

式中：$QR$ 为合格率；$n$ 为合格预报次数；$m$ 为预报总次数。

当预报项目的合格率 $QR\geqslant 85.0\%$时，评定为甲级精度等级；当合格率在 $70.0\%\leqslant QR<85.0\%$之间时，评定为乙级精度等级；当合格率在 $60.0\%\leqslant QR<70.0\%$之间时，评定为丙级精度等级。

（2）峰现时间绝对误差

$$\Delta T=T_{Q_{\mathrm{m,c}}}-T_{Q_{\mathrm{m,obs}}} \tag{3.27}$$

式中：$T_{Q_{\mathrm{m,c}}}$ 为预报峰现时间；$T_{Q_{\mathrm{m,obs}}}$ 为实测峰现时间；$\Delta T$ 为峰现时间绝对误差。$\Delta T$ 的绝对值越小，表明预报与实测峰现时间之间的差异越小；反之则结论相反。

《水文情报预报规范》(GB/T 22482—2008)规定将预见期的 30%作为 $\Delta T$ 的许可误差；若许可误差小于 3 h 或一个计算时段长，则将 3 h 或一个计算时段长作为 $\Delta T$ 的许可误差[101]。$\Delta T$ 指标按照合格率评定的预报项目精度等级划分，同 $\delta Q_m$ 指标。

（3）径流深相对误差

$$\delta R=\frac{(R_c-R_{obs})}{R_{obs}}\times 100\% \tag{3.28}$$

式中：$R_c$ 为预报次洪径流深；$R_{obs}$ 为实测次洪径流深；$\delta R$ 为径流深相对误差。$\delta R$ 的绝对值越小，表明预报次洪径流深与实测次洪径流深之间的差异越小；反之结论相反。

《水文情报预报规范》（GB/T 22482—2008）规定将实测径流深的 20%作为 $\delta R$ 的许可误差；如果该值大于 20 mm，那么取 20 mm；如果小于 3 mm，那么取 3 mm[101]。$\delta R$ 指标按照合格率评定的预报项目精度等级划分，同 $\delta Q_m$ 和 $\Delta T$ 指标。

（4）确定性系数/纳什效率系数（Deterministic Coefficient/Nash-Sutcliffe Efficiency，DC）

$$DC=1-\frac{\sum_{t=1}^{n}[Q_c(t)-Q_{obs}(t)]^2}{\sum_{t=1}^{n}[Q_{obs}(t)-\bar{Q}_{obs}]^2} \tag{3.29}$$

式中：$Q_c(t)$为 $t$ 时刻的洪水预报流量；$Q_{obs}(t)$为 $t$ 时刻的洪水实测流量；$\bar{Q}_{obs}$ 为 $n$ 个时段的实测流量均值；$DC$ 为洪水预报过程与实测过程之间的确定性系数。$DC$ 的取值范围为$(-\infty,1]$，其越接近 1，表明洪水过程的拟合效果越好。

当预报项目的确定性系数 $DC\geqslant 0.90$ 时，评定为甲级精度等级；当预报项目的确定性系数在 $0.70\leqslant DC<0.90$ 之间时，评定为乙级精度等级；当预报项目的确定性系数在 $0.50\leqslant DC<0.70$ 之间时，评定为丙级精度等级。

因为不同的评价指标具有不同的量纲和量纲单位，所以不具有可比性。若要综合比较不同条件下的不同指标，必须对指标进行归一化处理，以消除指标之间的量纲影响。因此，为了综合比较不同场次洪水之间多指标评价的效果，本书对上述(1)～(4)评价指标进行归一化。归一化后的各评价指标处于同一量级，适合进行综合评价（Comprehensive Evaluation，CE）。

统计指标 $DC$ 的归一化算法为：

$$V^*=\frac{V-V_{C,\min}}{V_{C,\max}-V_{C,\min}} \tag{3.30}$$

式中：$V$ 为归一化处理前的确定性系数；$V_{C,min}$ 为确定性系数的全局最小值；$V_{C,max}$ 为确定性系数的全局最大值；$V^*$ 为归一化处理后的确定性系数。

其余统计指标 $\delta Q_m$、$\Delta T$ 和 $\delta R$ 的归一化算法为：

$$W^* = \frac{W_{max} - W}{W_{max} - W_{min}} \tag{3.31}$$

式中：$W$ 为归一化处理前的指标值；$W_{min}$ 为指标的全局最小值；$W_{max}$ 为指标的全局最大值；$W^*$ 为归一化处理后的指标值。

一般采用雷达图的图形与数值相结合的方式，综合展示所有归一化指标的对比结果。对于同一个模型的洪水预报结果，雷达图上归一化指标的值越大，代表该指标的拟合精度越高，例如在图 3.4 中，预报模型 1 的归一化指标 3 比归一化指标 1 的值更接近 1，即预报精度更高。对于不同洪水预报模型的多个归一化指标，雷达图所包围的面积越大，表示该模型的预报效果越好，例如在图 3.4 中，预报模型 3 比预报模型 1 的精度更高。

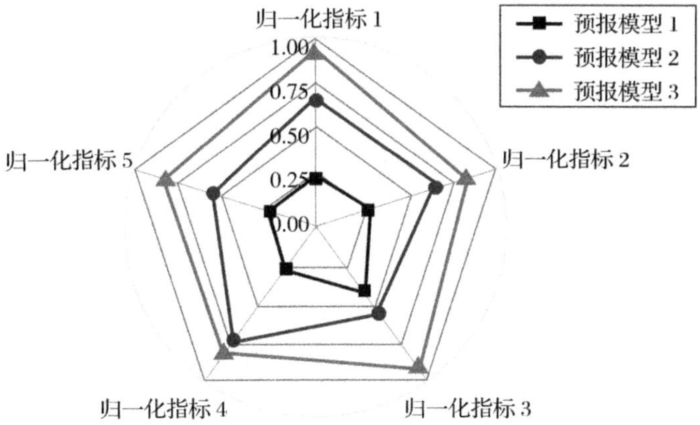


**图 3.4　雷达图示意图**

表 3.2 对以上 4 个精度评价指标进行了汇总。

**表 3.2　精度评价指标汇总**

| | 指标(1) | 指标(2) | 指标(3) | 指标(4) |
|---|---|---|---|---|
| 评价指标 | 洪峰流量相对误差 $\delta Q_m$ | 峰现时间绝对误差 $\Delta T$ | 径流深相对误差 $\delta R$ | 确定性系数 $DC$ |
| 取值范围 | $(-\infty, +\infty)$ | $(-\infty, +\infty)$ | $(-\infty, +\infty)$ | $(-\infty, 1]$ |

续表

| | 指标(1) | 指标(2) | 指标(3) | 指标(4) |
|---|---|---|---|---|
| 许可误差 | ±20% | ±3 h | ±20% | — |
| 精度等级 | 甲级:合格率≥85.0%;乙级:85.0%>合格率≥70.0%;丙级:70.0%>合格率≥60.0% | 甲级:合格率≥85.0%;乙级:85.0%>合格率≥70.0%;丙级:70.0%>合格率≥60.0% | 甲级:合格率≥85.0%;乙级:85.0%>合格率≥70.0%;丙级:70.0%>合格率≥60.0% | 甲级:$DC \geq$ 0.90;乙级:0.90 $> DC \geq$ 0.70;丙级:0.70 $> DC \geq$ 0.50 |
| 归一化指标符号 | $\|\delta Q_m\|^*$ | $\|\Delta T\|^*$ | $\|\delta R\|^*$ | $\|DC\|^*$ |
| 对应的水管理指标 | 洪峰 | 预见期 | 洪量 | 洪水过程 |

### 3.2.3 仿真试验

在实际应用中,洪水预报过程只有少数变量是可以观测的,如流域出口断面的水位或流量;大部分变量的真实值是无法量测的,如自由水蓄量、模型参数等。因此,对预报校正效果的检验,只能间接地通过对比洪水预报值和实际观测值进行评价,但此观测值不一定是"真值"。

为了充分验证提出方法的合理性和有效性,本书设计了基于理想雨洪样本的仿真模拟试验。所谓基于理想雨洪样本的仿真模拟试验方案设计是指:通过人工合理假定水文预报模型的输入 $I_0(t)$(如降雨、蒸发等)、模型参数 $\boldsymbol{\theta}_0(t)$(参见第 3.2.1 节中的新安江模型的 18 个参数),运行水文模型得到输出的流量过程 $O_0(t)$,如此即可得到理想状态下一场雨洪过程的"真值";在输入 $I_0(t)$ 和参数 $\boldsymbol{\theta}_0$ 后分别人为增加一个随机误差扰动项 $\varepsilon_I(t)$ 和 $\boldsymbol{\varepsilon}_\theta$(如不超过原值±10%的随机数),形成新的输入 $I_1(t)=I_0(t)+\varepsilon_I(t)$ 和新的模型参数 $\boldsymbol{\theta}_1=\boldsymbol{\theta}_0+\boldsymbol{\varepsilon}_\theta$;将 $I_0(t)$ 与 $\boldsymbol{\theta}_1$、$I_1(t)$ 与 $\boldsymbol{\theta}_0$、$\boldsymbol{\theta}_1 I_1(t)$ 与 $\boldsymbol{\theta}_0$、$\boldsymbol{\theta}_1$ 之间任意组合,则可得到新的流量过程 $O_1(t)$;与"真值"$O_0(t)$ 相比,$O_1(t)$ 是一定输入和/或参数误差扰动下的结果,由 $O_0(t)O_1(t)$ 与 $O_0(t)$ 就可以得到预报的总误差(终端误差),而与此对应的输入和模型(用参数代替)的误差也已知,这样就得到了大量的已知输入、参数和误差的理想雨洪样本,根据这些样本即可对校正方法进行验证研究。这就是本次仿真模拟试验的思路。

仿真模拟试验可以更加直观地反映校正方法对各类误差的校正能力，也有助于发现其中存在的问题。本书仿真试验的具体方案如图 3.5 所示。

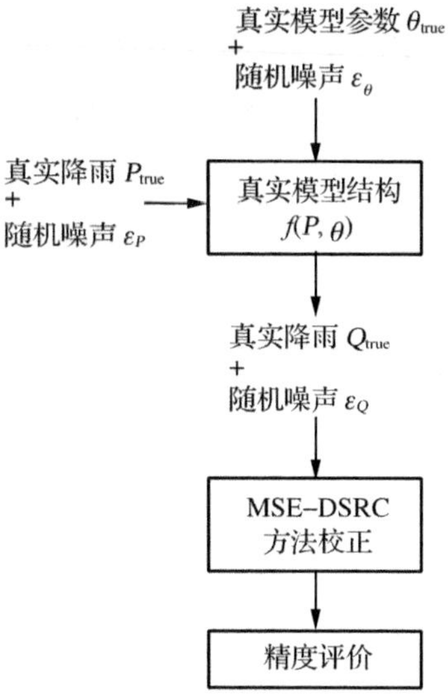


**图 3.5　多源误差联合校正动态系统响应曲线方法的仿真试验方案**

为了合理地假定水文预报模型的输入值，本次研究选择乐安河汪口站以上流域的 2 场真实降雨过程（洪号为 19990415、19970706）作为理想降雨输入样本。汪口站以上流域内有 4 个雨量站，在获得每个雨量站的真实降雨过程后，叠加随机生成的噪声，得到含有观测噪声的观测降雨过程（假设降雨观测噪声为加性噪声）：

$$P_0(t)=P_{true}(t)+\varepsilon_P(t) \qquad (3.32)$$

式中：$P_0(t)$ 为含有噪声的观测降雨过程；$P_{true}(t)$ 为真实降雨过程，即降雨量真值；$\varepsilon_P(t)$ 为随机生成的降雨观测噪声，假定为相对误差在（−10%，+10%）范围内均匀分布的随机数。

假定洪水预报模型采用新安江模型，将根据雨洪资料系列率定的新安江模型参数作为仿真试验的理想模型参数。真实的模型参数、真实的初始条件以及真实的模型结构均为已知。对于其中的真实模型参数，叠加随机生成的噪声，得到含有观测噪声的模型参数（假设模型参数噪声为加性噪声）：

$$\theta_0=\theta_{true}+\varepsilon_\theta \qquad (3.33)$$

式中：$\theta_0$ 为含有噪声的模型参数；$\theta_{true}$ 为真实模型参数，即模型参数真值；$\varepsilon_\theta$ 为随机生成的模型参数噪声，假定为相对误差在（−5%，+5%）范围内均匀分布的随机数。

将真实模型输出，即流量真值是通过运行真实条件下的水文模型生成的：

$$Q_{true}(t)=f(P_0,\theta_0,t) \qquad (3.34)$$

式中：$Q_{true}(t)$ 为真实流量过程，即流量真值。

将流量真值叠加随机生成的噪声，得到含有观测噪声的实测流量过程（假设流量实测噪声为加性噪声）：

$$Q_0(t)=Q_{true}(t)+\varepsilon_Q(t) \qquad (3.35)$$

式中：$Q_0(t)$为含有噪声的实测流量过程；$Q_{true}(t)$为真实流量过程，即流量真值；$\varepsilon_Q(t)$为随机生成的流量实测噪声，假定为相对误差在（−5%，+5%）范围内均匀分布的随机数。

通过上述步骤，在设定的范围内，获得含有噪声的降雨量、模型参数和流量。然后，采用本书提出的 MSE-DSRC 方法对有误差的降雨量、模型参数和流量进行校正。同时，采用已有的校正方法进行比较。最后，将校正后的降雨量、模型参数和流量与降雨量、模型参数和流量的真值对比，对 MSE-DSRC 方法的应用效果进行定量评价。

图 3.6 展示了这 2 场仿真洪水事件的预报与校正结果。从图 3.6(a)中可以看出：19990415 号小洪水的原始新安江模型(XAJ)预报流量相比于实测流量偏大，尤其体现为预报洪峰比实测洪峰大；经 DSRC 方法校正的预报流量比实测流量小，但比 XAJ 预报流量更加接近实际流量；经 MSE-DSRC 方法校正的预报流量比实测流量略小，但非常接近实测流量，因此 19990415 号洪水的降雨过程经 MSE-DSRC 方法校正，比经 DSRC 方法校正更加贴近真实降雨过程。从图 3.6(b)中可以看出，19970706 号复峰洪水的原始预报流量相比于实测流量偏小，双峰都偏小；经 DSRC 方法校正的预报流量有所提高，但仍小于实测流量，比 XAJ 预报流量更加接近实际流量；经 MSE-DSRC 方法校正的预报流量仍比实测流量略小，但比经 DSRC 方法校正的预报流量更加接近实测流量，因此 19970706 号洪水的降雨过程经 MSE-DSRC 方法校正，也比经 DSRC 方法校正更加接近原来的真实降雨过程。由此可得出结论：无论是对预报值偏大的小洪水还是对预报值偏小的大洪水，无论是对降雨集中的单峰洪水还是对降雨情况更为复杂的复峰洪水，MSE-DSRC 方法都比 DSRC 方法的校正效果更优，且校正后的降雨更加贴近真实值。结果表明，MSE-DSRC 校正方法将预报总误差划分到各个过程的做法，比将所有误差归为一类误差进行校正更加合理。

### 3.2.4 实际应用

为验证方法的可行性，将 MSE-DSRC 校正方法应用在汪口站以上流域。汪口站以上流域位于乐安河上游(如图 3.7 所示，具体位置见图 1.2)，流域面积为 587 $km^2$，流域内共有 4 个雨量站，雨量站网密度为 0.006 8 个/$km^2$。相比于

表 1.1 中的其他流域，该流域雨量站网密度较低，面雨量计算误差较大。

本次根据汪口站以上流域 1990—2019 年间的 30 场雨洪资料，对提出的 MSE-DSRC 校正方法进行应用验证，具体洪号见表 3.3。

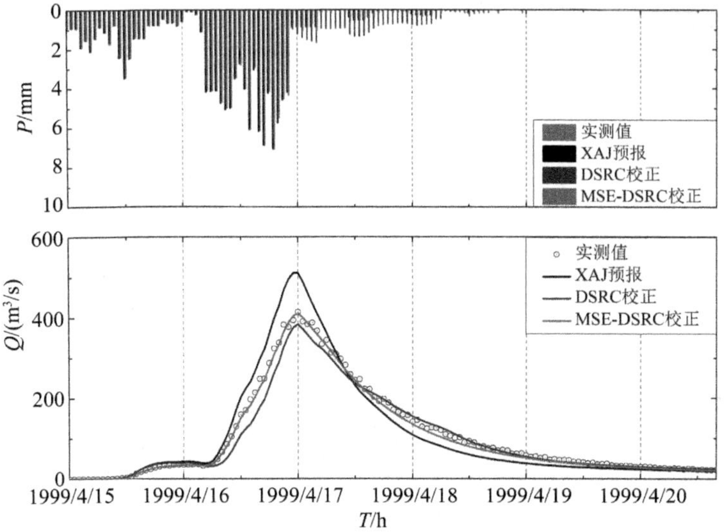


(a) 洪号 19990415

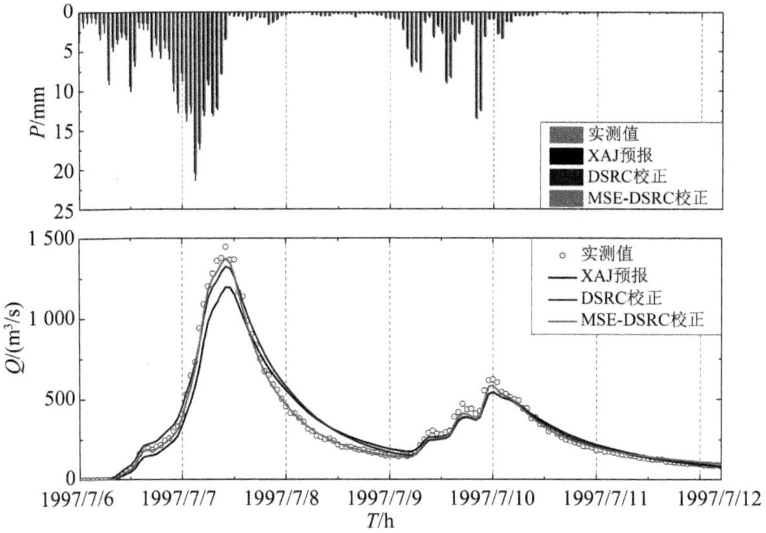


(b) 洪号 19970706

**图 3.6　汪口站以上流域仿真试验的洪水预报与校正结果**

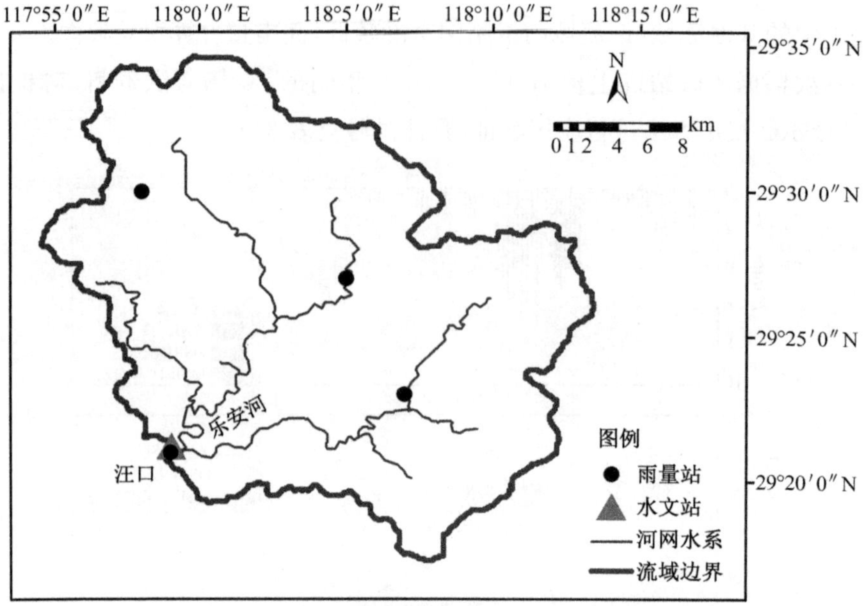


图 3.7　汪口站以上流域的地理位置、水系分布及站点分布

表 3.3　汪口站以上流域场次洪水按洪号递增排序的基本情况

| 序号 | 洪号 | 洪峰流量/($m^3$/s) | 序号 | 洪号 | 洪峰流量/($m^3$/s) |
|---|---|---|---|---|---|
| 1 | 19900420 | 166 | 16 | 19990424 | 649 |
| 2 | 19900612 | 716 | 17 | 20000621 | 356 |
| 3 | 19910326 | 159 | 18 | 20010625 | 790 |
| 4 | 19910415 | 312 | 19 | 20020513 | 316 |
| 5 | 19930617 | 1 110 | 20 | 20030512 | 490 |
| 6 | 19930629 | 488 | 21 | 20040515 | 591 |
| 7 | 19940616 | 904 | 22 | 20060411 | 310 |
| 8 | 19950602 | 256 | 23 | 20080616 | 474 |
| 9 | 19950621 | 939 | 24 | 20090728 | 434 |
| 10 | 19960418 | 677 | 25 | 20100517 | 1 260 |
| 11 | 19960629 | 90 | 26 | 20140620 | 788 |
| 12 | 19970706 | 1 330 | 27 | 20160509 | 409 |
| 13 | 19980618 | 1 310 | 28 | 20160618 | 721 |
| 14 | 19980717 | 956 | 29 | 20180701 | 1 030 |
| 15 | 19990415 | 483 | 30 | 20190704 | 1 030 |

基于第二章的研究内容可知，对于邻近的水文相似流域，建立的面雨量误差、模型误差与雨量站网密度之间的这种定量关系是相似的。因此，基于第二章建立的饶河流域定量关系曲线(图 2.11)及通用解析方程[式(2.20)和式(2.21)]，对 MSE-DSRC 校正方法的有效性进行研究。

同时，为了对比研究，采用面雨量误差修正的 DSRC 方法进行校正。统计这 30 场洪水的原始新安江模型(XAJ)预报、面雨量 DSRC 校正和 MSE-DSRC 校正共 3 种模型的结果，分别计算洪峰流量相对误差 $\delta Q_{\mathrm{m}}$、峰现时间绝对误差 $\Delta T$、径流深相对误差 $\delta R$ 及确定性系数 $DC$ 共 4 个评价指标。

图 3.8 统计了基于 4 个精度指标($\delta Q_{\mathrm{m}}$、$\Delta T$、$\delta R$ 和 $DC$)评估的 3 种模型(XAJ、DSRC 和 MSE-DSRC)预报校正的共 30 场次洪结果。其中，图 3.8(a1)、(a2)、(a3)及(a4)是按洪号递增顺序排列的点统计结果，图 3.8(b1)、(b2)、(b3)及(b4)是按模型分类统计的箱形图。

从图 3.8(a1)和(b1)中可以看出：原始洪水预报的 $\delta Q_{\mathrm{m}}$ 范围为－33.3%～31.4%，中位数为－15.8%；经 DSRC 方法校正，$\delta Q_{\mathrm{m}}$ 范围缩小至－29.1%～15.5%，中位数为－5.7%；经 MSE-DSRC 方法校正，$\delta Q_{\mathrm{m}}$ 范围缩小至－18.7%～6.2%，中位数为－4.4%。从图 3.8(a2)和(b2)中可以看出：原始洪水预报的 $\Delta T$ 范围为－1～4 h，中位数为 0 h；经 DSRC 方法校正，$\Delta T$ 范围缩小至－1～3 h，中位数为 0 h；经 MSE-DSRC 方法校正，$\Delta T$ 范围缩小至 0～3 h，中位数为 0 h。从图 3.8(a3)和(b3)中可以看出：原始洪水预报的 $\delta R$ 范围为－35.4%～47.3%，中位数为 1.5%；经 DSRC 方法校正，$\delta R$ 范围缩小至－15.2%～40.6%，中位数为 5.1%；经 MSE-DSRC 方法校正，$\delta R$ 范围缩小至－6.6%～16.3%，中位数为 1.3%，且离群值变少。从图 3.8(a4)和(b4)中可以看出：原始洪水预报的 $DC$ 范围为 0.61～0.95，中位数为 0.87；经 DSRC 方法校正，$DC$ 范围提高至 0.70～0.98，中位数为 0.92；经 MSE-DSRC 方法校正，$DC$ 范围提高至 0.83～0.99，中位数为 0.95。由此可知：经 DSRC 和 MSE-DSRC 方法校正，洪水预报的精度提升明显；MSE-DSRC 校正方法提升的效果比 DSRC 校正方法好。

图 3.9 统计了 4 个指标 3 种模型按洪峰流量递增顺序排列的结果。根据图中洪水洪峰流量的排序结果，将 30 场次洪事件分为 3 个等级：前 10 场代表小洪水，中间 10 场代表中等洪水，后 10 场代表大洪水。从图 3.9 中可以看出洪水发生的时间和洪水量级的大小对 DSRC 和 MSE-DSRC 两种校正方法的洪

峰流量校正效果影响相差不大；相对来说，大洪水和小洪水的预报精度比较低，但是经过校正，能提升到一定精度。由此可见，MSE-DSRC 校正方法对发生在汛期的不同年代、不同量级的洪水进行预报误差校正时，均能稳定地提升洪水预报精度。

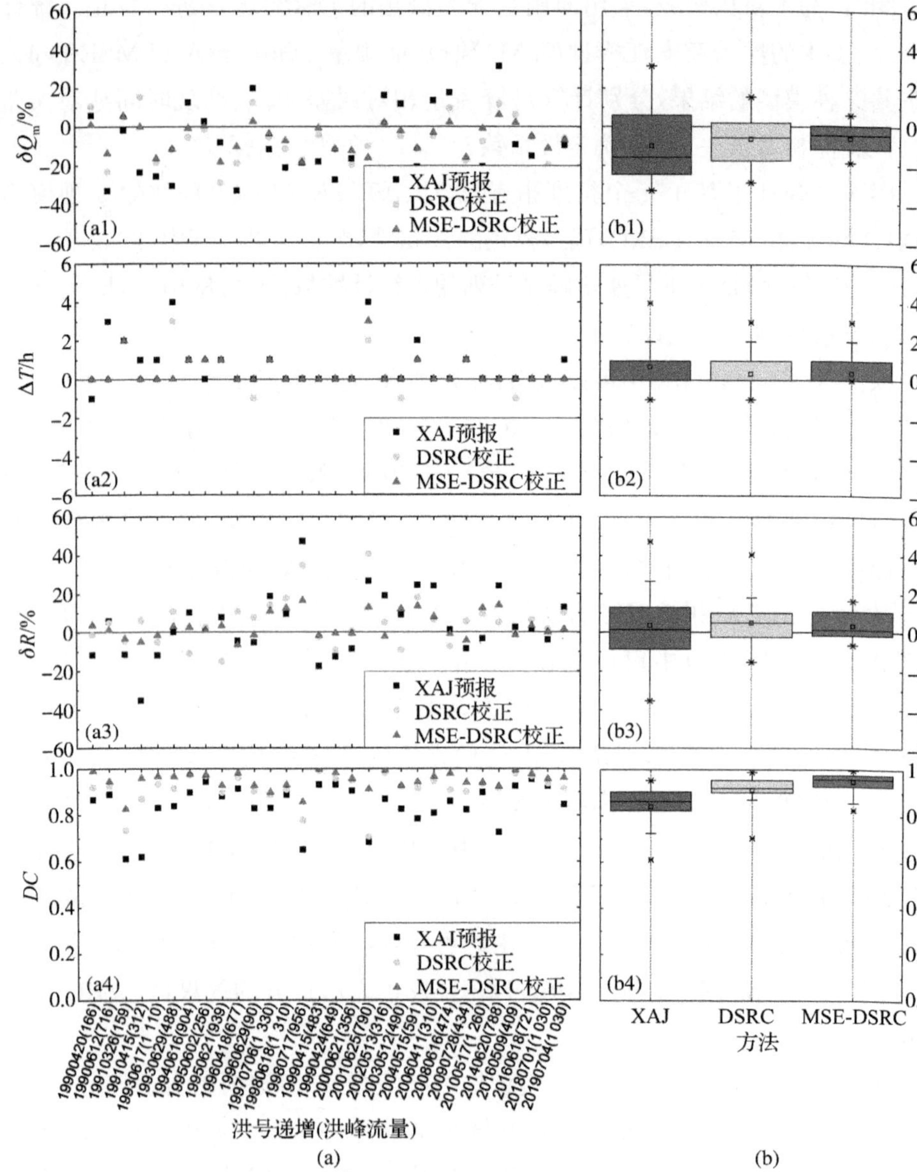


**图 3.8　汪口站以上流域的预报校正按洪号递增排序的点统计结果及对比箱形图**

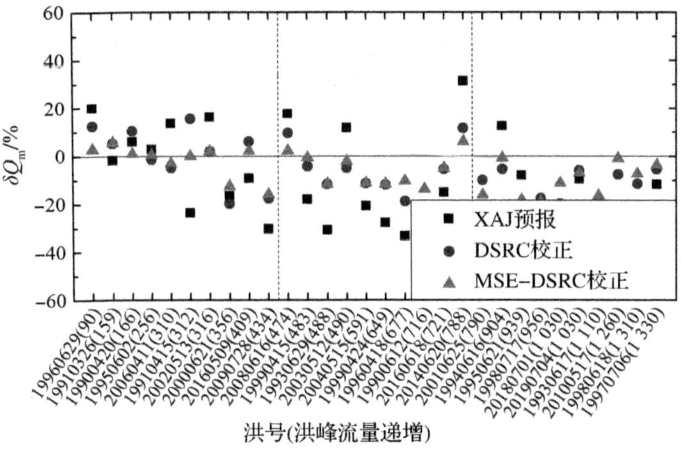
60
40
20
0
-20
-40
-60
$\delta Q_m$/%
XAJ预报
DSRC校正
MSE-DSRC校正
19960629(90)
19910326(159)
19900420(166)
19950602(256)
20060411(310)
19910415(312)
20020513(316)
20000621(356)
20160509(409)
20090728(434)
20080616(474)
19990415(483)
19930629(488)
20030512(490)
20040515(591)
19990424(649)
19960418(677)
19900612(716)
20160618(721)
20140620(788)
20010625(790)
19940616(904)
19950621(939)
19980717(956)
20180701(1 030)
20190704(1 030)
19930617(1 110)
20100517(1 260)
19980618(1 310)
19970706(1 330)
洪号(洪峰流量递增)

(a)

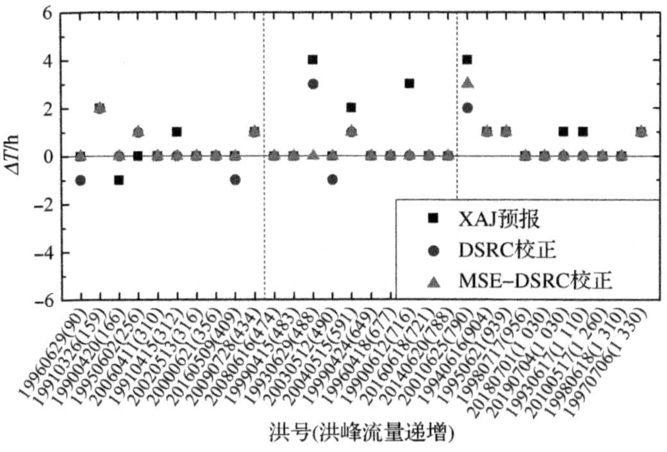
6
4
2
0
-2
-4
-6
$\Delta T$/h
XAJ预报
DSRC校正
MSE-DSRC校正
19960629(90)
19910326(159)
19900420(166)
19950602(256)
20060411(310)
19910415(312)
20020513(316)
20000621(356)
20160509(409)
20090728(434)
20080616(474)
19990415(483)
19930629(488)
20030512(490)
20040515(591)
19990424(649)
19960418(677)
19900612(716)
20160618(721)
20140620(788)
20010625(790)
19940616(904)
19950621(939)
19980717(956)
20180701(1 030)
20190704(1 030)
19930617(1 110)
20100517(1 260)
19980618(1 310)
19970706(1 330)
洪号(洪峰流量递增)

(b)

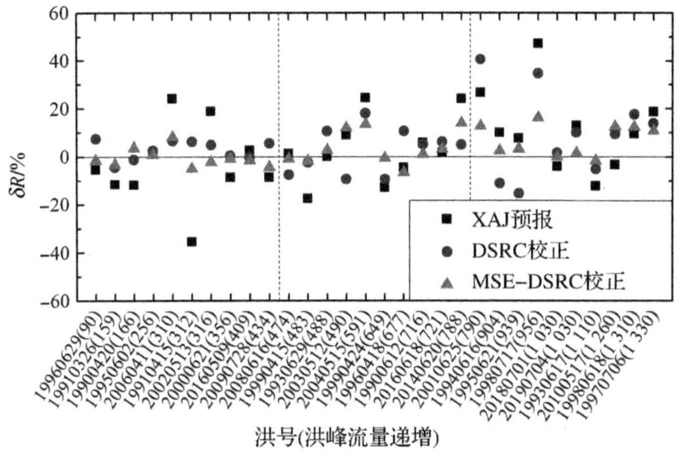
60
40
20
0
-20
-40
-60
$\delta R$/%
XAJ预报
DSRC校正
MSE-DSRC校正
19960629(90)
19910326(159)
19900420(166)
19950602(256)
20060411(310)
19910415(312)
20020513(316)
20000621(356)
20160509(409)
20090728(434)
20080616(474)
19990415(483)
19930629(488)
20030512(490)
20040515(591)
19990424(649)
19960418(677)
19900612(716)
20160618(721)
20140620(788)
20010625(790)
19940616(904)
19950621(939)
19980717(956)
20180701(1 030)
20190704(1 030)
19930617(1 110)
20100517(1 260)
19980618(1 310)
19970706(1 330)
洪号(洪峰流量递增)

(c)

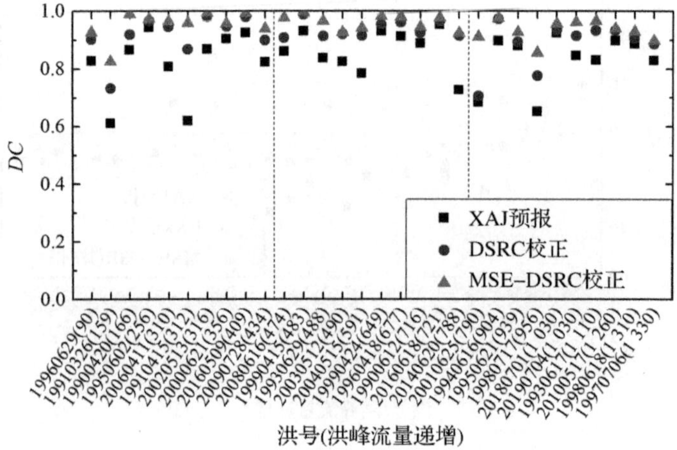


(d)

**图 3.9　汪口站以上流域的预报校正按洪峰流量递增排序的点统计结果**

表 3.4 统计了图 3.9 中 4 个指标的合格率。从表 3.4 中可以看出:经过 DSRC 和 MSE-DSRC 方法校正,原始洪水预报的 4 个指标的合格率都得到了提高,且 MSE-DSRC 方法提高得比 DSRC 方法多;特别地,经 MSE-DSRC 方法校正,洪峰流量相对误差 $\delta Q_m$、峰现时间绝对误差 $\Delta T$ 和径流深相对误差 $\delta R$ 指标的合格率均达到了 100%,即全部次洪预报的精度均合格,在允许误差范围内;经 MSE-DSRC 方法校正,确定性系数 $DC$ 也从 26.7%提升至 90%,提升明显。由此可推断:考虑多源误差的实时校正,对洪水预报的洪峰、洪量及洪水过程的预报精度是全面的提升。

**表 3.4　汪口站以上流域的预报校正合格率统计结果**

| 预报校正方法 | 合格率/% | | | |
| --- | --- | --- | --- | --- |
| | $\|\delta Q\|_m<20\%$ | $\|\Delta T\|<3$ h | $\|\delta R\|<20\%$ | $DC>0.9$ |
| XAJ | 53.3 | 93.3 | 80.0 | 26.7 |
| DSRC | 93.3 | 100 | 93.3 | 76.7 |
| MSE-DSRC | 100 | 100 | 100 | 90.0 |

图 3.10 展示了 3 种模型 4 个指标绝对值($|\delta Q_m|$、$|\Delta T|$、$|\delta R|$和$|DC|$)的 1∶1 线图。从图中可以看出:相比于图 3.10(a1)、(a2)、(a3)和(a4),图 3.10(b1)、(b2)、(b3)和(b4)中落在 1∶1 线附近的点更多,且过分偏离的点变少了。由此可推断:MSE-DSRC 方法提升了洪水预报的精度,也进一步提高了 DSRC

方法的校正能力，是 DSRC 方法的有效扩展。

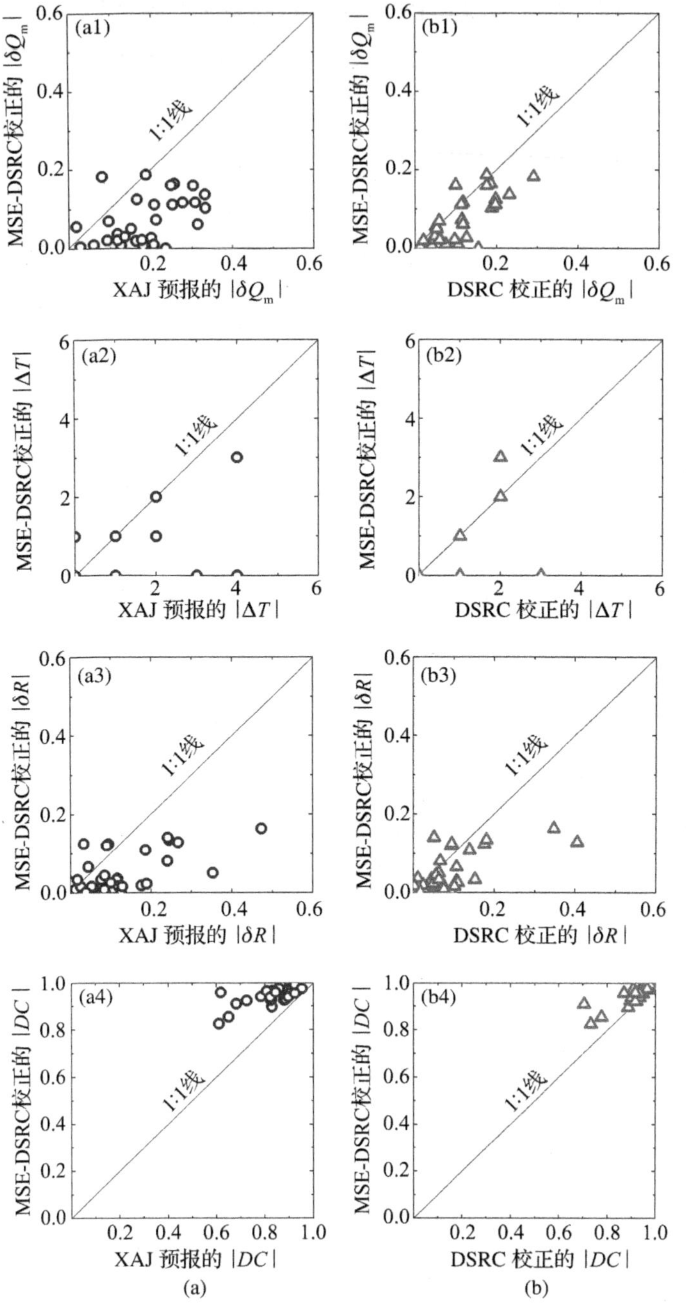


**图 3.10　汪口站以上流域的预报校正精度评价指标的 1∶1 线图**

图 3.11 展示了 3 种模型 4 个归一化指标（$|\delta Q_m|^*$、$|\Delta T|^*$、$|\delta R|^*$ 和 $|DC|^*$）的雷达图。从图 3.11 中可以看出：经过 DSRC 和 MSE-DSRC 方法校正，雷达图坐标轴上洪水预报的 4 个归一化指标的值都提高了，其中，$|\delta Q_m|^*$ 指标从原始预报的 0.44 提高至 DSRC 校正后的 0.66 和 MSE-DSRC 校正后的 0.78，$|\Delta T|^*$ 指标从原始预报的 0.81 提高至 DSRC 校正后的 0.87 和 MSE-DSRC 校正后的 0.91，$|\delta R|^*$ 指标从原始预报的 0.73 提高至 DSRC 校正后的 0.80 和 MSE-DSRC 校正后的 0.89，$|DC|^*$ 指标从原始预报的 0.60 提高至 DSRC 校正后的 0.80 和 MSE-DSRC 校正后的 0.89。相较而言，MSE-DSRC 比 DSRC 校正方法对每个指标值的提升都更多，且 MSE-DSRC 方法校正后的雷达图围成的面积比 DSRC 方法的大，全面提升了洪水预报精度。由此可知：MSE-DSRC 校正方法的误差修正效果，可能有时在某场次洪的个别精度评价指标上略不如 DSRC 校正方法，但在整体修正效果上，是优于 DSRC 校正方法的。

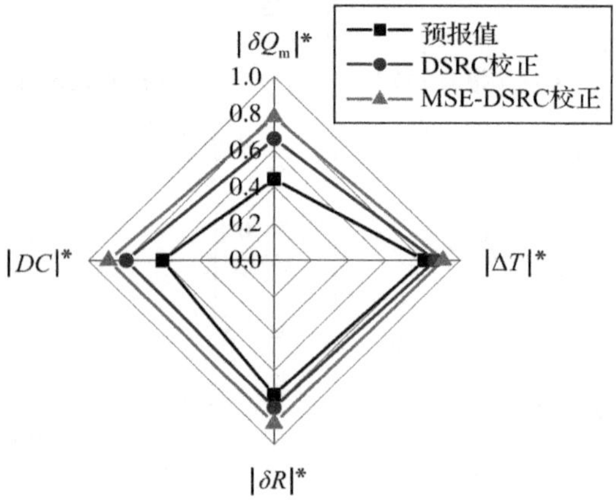


**图 3.11　汪口站以上流域的预报校正结果雷达图**

根据场次洪水的洪峰大小，将 30 场洪水事件划分为大、中、小 3 种等级。在 3 种等级的场次洪水中分别挑选出 1 场作为代表。另外，选取 1 场复峰洪水也作为典型洪水事件进行分析。图 3.12 展示了这 4 场洪水事件的预报与校正结果，其中，图 3.12(a)是 20020513 号小洪水，图 3.12(b)是 19990415 号中洪水，图 3.12(c)是 20100517 号大洪水，图 3.12(d)是 19970706 号复峰洪水。结果表明：MSE-DSRC 与 DSRC 方法校正的洪水过程线都比原始预报的洪水过程线更接近实际观测的洪水过程线，即 MSE-DSRC 与 DSRC 方法都具有一定

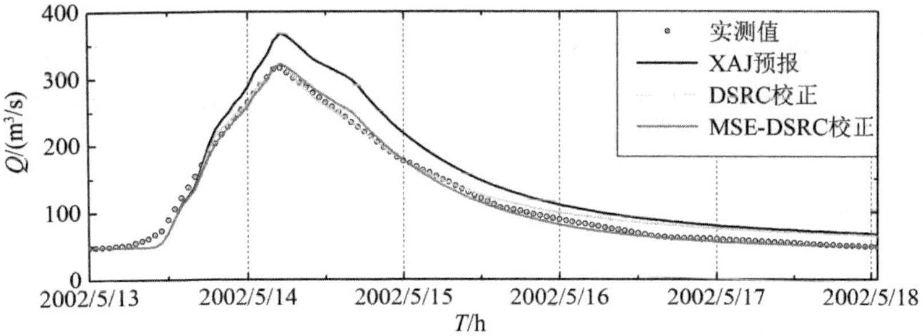


(a) 洪号 20020513

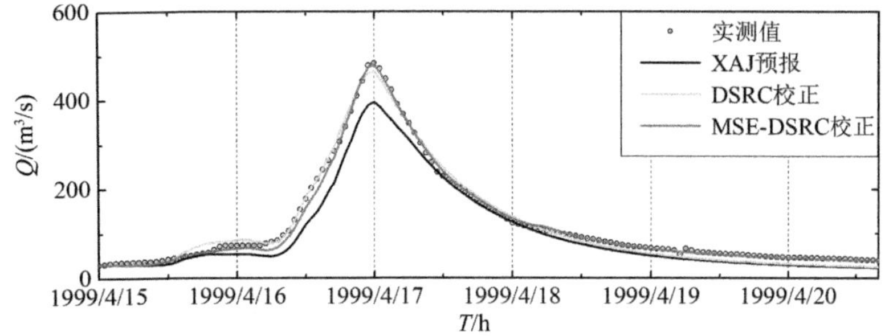


(b) 洪号 19990415

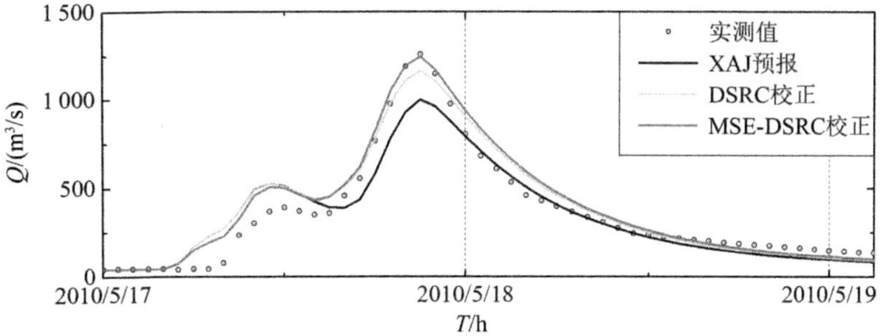


(c) 洪号 20100517

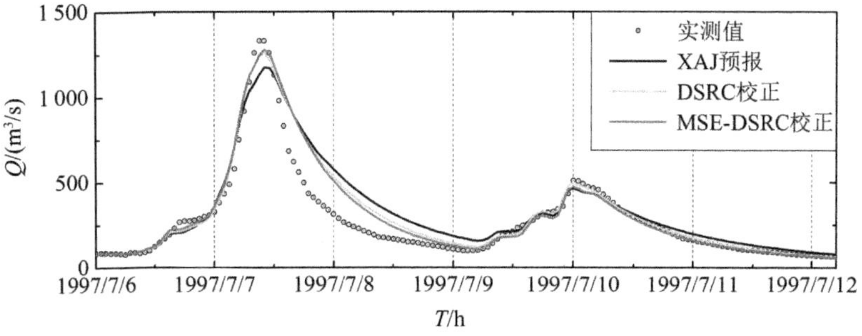


(d) 洪号 19970706

**图 3.12　汪口站以上流域的典型次洪预报校正结果**

的实时校正能力；相较而言，MSE-DSRC方法校正的洪水过程线与实测洪水过程线最为接近，即MSE-DSRC比DSRC方法能进一步提升洪水演进的精度；且MSE-DSRC方法不论是对洪峰还是对洪水过程的校正，表现更佳，校正效果更为理想，这有利于在实际应用中准确地模拟洪水流量过程线，尤其是捕捉峰值，大大降低洪水风险；MSE-DSRC方法对单峰洪水和复峰洪水、大中小型洪水的预报误差的校正效果相当，即MSE-DSRC校正后的洪水过程比DSRC校正后的更为稳定，不容易出现波动。结果在一定程度上说明本书提出的MSE-DSRC校正方法将全过程洪水预报误差联合进行误差校正的做法更为合理，可进一步提高流域出口断面的洪水预报精度。

除了这4场洪水事件，其他洪水事件的预报校正结果也表明，MSE-DSRC方法对于洪峰流量和洪水过程都是一种理想的误差校正方法，且MSE-DSRC方法在所有的洪水场次事件中校正效果稳定。由此可见，MSE-DSRC方法具有先进性，相比于传统的DSRC校正方法，MSE-DSRC方法能够考虑多源误差，对预报全过程联合校正。

## 3.3 小结

(1) 本章提出了一种面向源头或区间流域的多源预报误差联合校正动态系统响应曲线方法(MSE-DSRC)。该方法通过建立雨量站网密度与各过程误差占比的定量关系，将洪水预报终端总误差定量划分为面雨量误差和模型误差两部分；基于动态系统响应理论，构建多源误差的响应函数线性系统；反演得到各过程误差，最终实现洪水预报全过程误差联合校正。

(2) 提出的MSE-DSRC校正方法，实现了洪水预报各过程/环节误差(输入误差和模型参数误差)的联合校正，扩展了DSRC方法的理论内涵，提升了其适用范围。

(3) 仿真试验和实际应用结果表明，MSE-DSRC校正方法无论是对单峰、复峰洪水，还是对大、中、小型洪水，均具有较好的适用性，并能有效提升洪峰、洪量以及整个洪水过程的实时洪水预报精度。在饶河流域的洪水预报过程中，经MSE-DSRC方法校正，洪峰流量相对误差降低了11.4%，径流深相对误差降低了 0.2%，确定性系数提高了 0.08。相比于经原始 DSRC 方法校正确定性系数提高了 0.05，MSE-DSRC 方法的确定性系数提高得更多，多提高了 0.03，校正效果更明显。

(4) 作为示例，本书将 MSE-DSRC 校正方法在饶河典型流域进行了应用，其做法也适用于其他流域的洪水预报的实时校正。但是，应用本校正方法的前提是需要建立雨量站网密度与洪水预报误差分配比例之间的定量关系和解析方程。近些年，随着山洪防治工作的开展和中小河流监测体系的完善，水文站网密度得到了极大提升，可以满足 MSE-DSRC 校正新方法的应用条件。

# 第四章

# 全流域洪水预报误差同时校正研究

进入水利高质量发展新阶段后，我国对洪水预报提出了更高要求。要求强化预报、预警、预演、预案“四预”措施，抓实抓细降雨-产流-汇流-演进、流域-干流-支流-断面、总量-洪峰-过程-调度、技术-料物-队伍-组织“四个链条”的工作，精准管控洪水预报预测的全过程、各环节。目前，实时洪水预报理论和技术虽得到了长足发展，但仍面临挑战：一是现行的水文模型理论与方法尚难以对整个流域的水文物理过程进行精准模拟和预报；二是气候变化与高强度人类活动的影响导致水文事件发生的时空格局复杂多变，给全流域的洪水预报无形中增加了难度。因此，做好实时洪水预报工作，要以流域（河流）为单元，统筹考虑上下游、源头区间、干支流暴雨洪水的发展变化，充分利用各水文站、雨量站、量测断面的实时监测、预报及校正信息，准确捕捉洪水预报误差的时空分布，实现对重点保护区间和关键控制性断面的流量等要素的精准预报。

洪水预报误差实时校正方法的研究有很多，从简单实用角度，通常先将预报误差的来源进行概化再进行校正。方法主要分为两类：一类是从预报过程层面，将预报误差的来源概化成单一过程/变量的预报误差；另一类是从流域层面，将预报误差的来源概化成单一站点/断面的预报误差。显而易见，第一类校正方法忽略了洪水预报全过程中，从降雨到产流再到汇流的各子过程误差与总误差之间的联系；第二类校正方法忽略了洪水预报全流域中，整个河道上下游各预报站点间具有特定的空间拓扑结构与水力联系。实际中的洪水预报过程复杂，河流水系结构复杂，预报误差会在时间、空间上不断传播、累积。因此，这些以概化误差来源为前提假设条件的校正方法，有时并不能取得理想的校正效果，且校正的有效预见期受限。

对此，基于整体论和还原论，本章主要进行两方面研究：(1) 在前一章基础上，深化拓展系统响应理论，提出一种“时间-空间-变量”三维动态系统响应曲线校正方法（Three Dimension Dynamic System Response Curve，3D-DSRC），旨在对全流域的洪水预报全过程误差进行同时校正；(2) 引入马斯京根法汇流演算矩阵方程描述河系上下游之间的水力联系，并与动力系统误差反演方程相耦合，提出一种具有自适应特征的动力系统反演校正方法（Dynamic System Inversion，DSI），旨在对全流域的长河道洪水演进误差进行同时校正。

## 4.1 三维动态系统响应曲线校正方法

基于第三章提出的 MSE-DSRC 校正方法，本章继续研究并提出了一种时间-空间-变量三维动态系统响应曲线校正方法（3D-DSRC），目的是从时间、空间、变量三个维度进行全流域洪水预报误差的同时校正，全面降低终端总误差。对于控制面积比较大的流域，源头或区间流域的预报全过程误差可以采用 MSE-DSRC 方法进行实时校正，但整个流域空间上的预报误差不能做到同步校正。因此，相比于 MSE-DSRC 方法，3D-DSRC 方法进一步考虑了预报误差在空间上的分布，将预报误差反演至各个单元的各个变量，更加精细化了洪水预报误差的修正过程。

图 4.1 是 DSRC、MSE-DSRC、基于微分响应的流域产流分单元修正方法（Spatial Distributed Precipitation Dynamic System Response Curve，SDP-DSRC）、3D-DSRC 这 4 种校正方法的对比图。其中，原始的 DSRC 方法将所有预报误差归为单变量/单个过程误差进行校正，如只校正面雨量误差 $E_P$；MSE-DSRC 方法是 DSRC 方法在变量维度上的一个扩展，可对多变量/多个过程误差进行校正，如联合校正面雨量误差 $E_P$ 和模型误差 $E_M$；SDP-DSRC 方法[148]是 DSRC 方法在空间维度上的一个扩展，可对若干个计算单元误差进行校正，如校正分单元面雨量误差 $E_{Pi}$；3D-DSRC 方法则是 DSRC 方法在所有变量、时间、空间维度上的全方面扩展，可对全流域全时空全变量的误差进行校正，如同时校正分单元面雨量误差 $E_{Pi}$ 和模型误差 $E_{Mj}$。

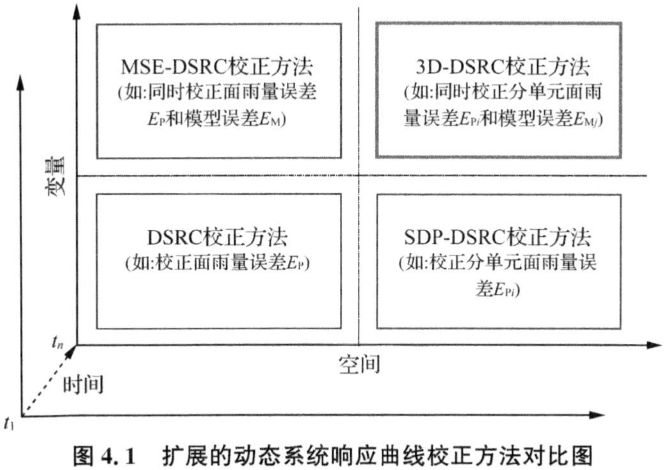


**图 4.1　扩展的动态系统响应曲线校正方法对比图**

3D-DSRC 方法的主要校正步骤为：首先，基于建立的雨量站网密度与洪水预报误差分配比例之间的定量关系，将洪水预报总误差按比例划分为面雨量误差和模型误差两部分；其次，基于系统响应理论，分别建立洪水预报各部分各变量误差与终端总误差间的响应函数线性系统，反演得到各单元的面雨量计算误差和各个模型参数变量的率定误差；然后，基于混合正则化的最小二乘正交分解方法，得到高维度多变量的响应函数的稳定解；最后，重新输入流域水文模型正演得到的校正后的洪水过程，达到同时对多个过程误差及多个变量误差进行校正的目的，从时间-空间-变量全面提高流域洪水预报精度。

### 4.1.1　全流域分单元

图 4.2 为一个自然流域系统。其中，图 4.2(a)是概化后的流域系统，河源断面测量流量为 $Q_{\mathrm{In}}$，流域区间入流为 $q$，流域出口断面测量流量为 $Q_{\mathrm{Out}}$；图 4.2(b)是概化前的复杂流域系统，有 $n$ 个河段、$n+1$ 个测流断面、$n$ 个区间入流以及 1 个源头流域。

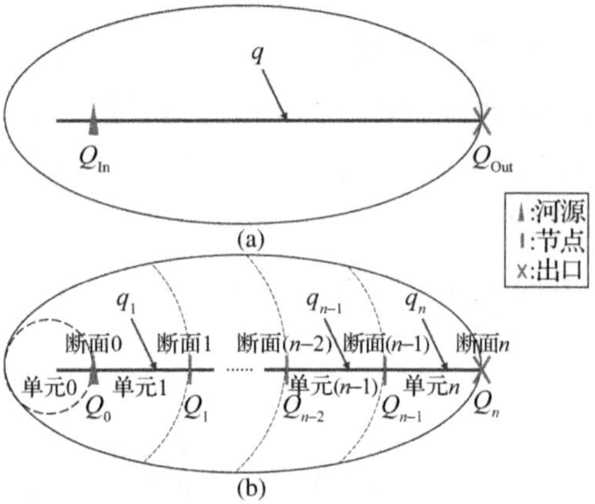


**图 4.2　自然流域系统示意图**

基于图 4.2(b)所示的流域系统，3D-DSRC 校正方法根据该流域主河道上的 $n+1$ 个水文站(即 $n+1$ 个测流断面，从第 0 个断面至第 $n$ 个断面，其中，第 0 个断面为河源断面，第 $n$ 个断面为流域出口断面)，将整个流域空间划分为 $n+1$ 个子流域(即 $n+1$ 个单元，从第 0 个单元至第 $n$ 个单元，其中，第 0 个单元为河源流域)，每个流域单元就是 3D-DSRC 校正方法的一个误差响应单元。3D-

DSRC 方法将对空间上的预报误差进行分单元同时校正，既使校正过程精细化，又使整个流域的校正具有系统性。因此，本章提出的 3D-DSRC 校正方法是对时间-空间-变量三维误差的同时校正。

### 4.1.2　时间-空间-变量三维误差同时校正

根据洪水预报模型，计算密度 $\rho$ 下的洪水预报总误差 $E_{\mathrm{T},\rho}$：

$$E_{\mathrm{T},\rho}=Q(\boldsymbol{P}_{\rho},\boldsymbol{\theta}_{\rho})-f(\boldsymbol{P}_{\mathrm{C},\rho},\boldsymbol{\theta}_{\mathrm{C},\rho}) \tag{4.1}$$

式中：$Q(\boldsymbol{P}_{\rho},\boldsymbol{\theta}_{\rho})$为密度 $\rho$ 下的实测流量过程，$\boldsymbol{P}_{\rho}$ 和 $\boldsymbol{\theta}_{\rho}$ 分别为密度 $\rho$ 下的输入面雨量和模型参数系列；$f(\boldsymbol{P}_{\mathrm{C},\rho},\boldsymbol{\theta}_{\mathrm{C},\rho})$为密度 $\rho$ 下的初始的模型计算流量过程，$\boldsymbol{P}_{\mathrm{C},\rho}$ 和 $\boldsymbol{\theta}_{\mathrm{C},\rho}$ 分别为密度 $\rho$ 下的面雨量计算值和模型参数初始值系列。

首先，同第三章 MSE-DSRC 校正方法建立误差解析方程的步骤，基于第二章提出的预报误差分配解析方法(DEFF)，分别建立研究流域的雨量站网密度 $\rho$ 与面雨量误差占比 $\eta_{\mathrm{P},\rho}$ 和模型误差占比 $\eta_{\mathrm{M},\rho}$(两类过程误差)之间的定量关系，并构建解析方程：

$$\eta_{\mathrm{P},\rho}=\frac{1}{1+a\rho^{b}} \tag{4.2}$$

$$\eta_{\mathrm{M},\rho}=1-\frac{1}{1+a\rho^{b}} \tag{4.3}$$

式中：$a$ 和 $b$ 为解析方程的参数。

按照式(4.2)和式(4.3)计算得到的密度 $\rho$ 下的面雨量误差占比 $\eta_{\mathrm{P},\rho}$ 和模型误差占比 $\eta_{\mathrm{M},\rho}$，将式(4.1)中的研究流域洪水预报总误差 $\boldsymbol{E}_{\mathrm{T},\rho}$ 定量划分为面雨量误差 $\boldsymbol{E}_{\mathrm{P},\rho}$ 和模型误差 $\boldsymbol{E}_{\mathrm{M},\rho}$ 两部分过程误差，即：

$$\boldsymbol{E}_{\mathrm{P},\rho}=\eta_{\mathrm{P},\rho}\boldsymbol{E}_{\mathrm{T},\rho} \tag{4.4}$$

$$\boldsymbol{E}_{\mathrm{M},\rho}=\eta_{\mathrm{M},\rho}\boldsymbol{E}_{\mathrm{T},\rho} \tag{4.5}$$

图 4.3 是新安江模型的预报系统概化图，包括新安江模型本身结构 $f(X,\theta)$、模型输入、模型参数、初始状态以及模型输出。引起流域出口断面流量变化的主要因素包括多个模型输入变量(如面雨量 $P$)、多个模型参数变量(如自由水蓄水容量 SM)等。

作为示例，本书研究的面雨量误差以分单元面雨量输入误差为主，模型误差以所有新安江模型参数率定误差为主。

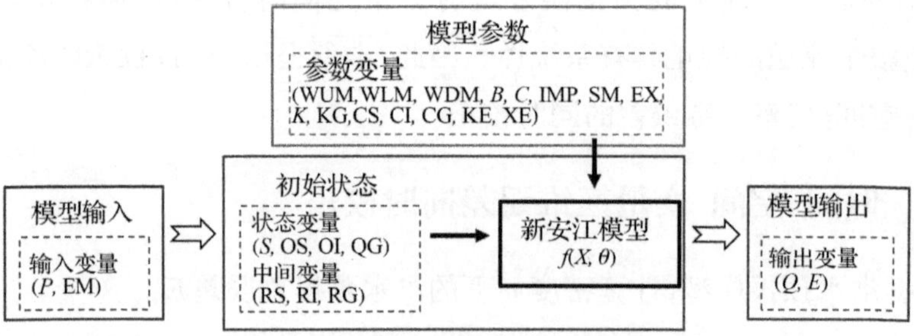


**图 4.3 新安江模型的预报系统概化图**

建立研究流域的输入误差与各过程各变量误差之间的响应函数线性系统：

$$\boldsymbol{E}_{\mathrm{T},\rho}=\boldsymbol{E}_{\mathrm{P},\rho}+\boldsymbol{E}_{\mathrm{M},\rho}=\begin{bmatrix}\boldsymbol{A}(1)\boldsymbol{\Delta P}_{\rho}(1)\\\boldsymbol{A}(2)\boldsymbol{\Delta P}_{\rho}(2)\\\vdots\\\boldsymbol{A}(n)\boldsymbol{\Delta P}_{\rho}(n)\end{bmatrix}+\begin{bmatrix}\boldsymbol{B}(1)\boldsymbol{\Delta\theta}_{\rho}(1)\\\boldsymbol{B}(2)\boldsymbol{\Delta\theta}_{\rho}(2)\\\vdots\\\boldsymbol{B}(n)\boldsymbol{\Delta\theta}_{\rho}(n)\end{bmatrix}\tag{4.6}$$

其中：

$$\boldsymbol{E}_{\mathrm{T},\rho}=\begin{bmatrix}Q(1)-Q'(1)\\Q(2)-Q'(2)\\\vdots\\Q(n)-Q'(n)\end{bmatrix}\tag{4.7}$$

$$\boldsymbol{E}_{\mathrm{P},\rho}=\begin{bmatrix}Q_{\mathrm{P}}(1)-Q'(1)\\Q_{\mathrm{P}}(2)-Q'(2)\\\vdots\\Q_{\mathrm{P}}(n)-Q'(n)\end{bmatrix}\tag{4.8}$$

$$\boldsymbol{E}_{\mathrm{M},\rho}=\begin{bmatrix}Q_{\theta}(1)-Q'(1)\\Q_{\theta}(2)-Q'(2)\\\vdots\\Q_{\theta}(n)-Q'(n)\end{bmatrix}\tag{4.9}$$

其中：

$$\begin{aligned}&Q_{\mathrm{P}}(n)-Q'(n)\\=&\boldsymbol{A}(n)\boldsymbol{\Delta P}_{\rho}(n)\end{aligned}$$

$$=\left[\frac{\partial Q'(n)}{\partial P'_1(n)},\frac{\partial Q'(n)}{\partial P'_2(n)},\cdots,\frac{\partial Q'(n)}{\partial P'_{L_P}(n)}\right]\begin{bmatrix}P_1(n)-P'_1(n)\\P_2(n)-P'_2(n)\\\vdots\\P_{L_P}(n)-P'_{L_P}(n)\end{bmatrix}\tag{4.10}$$

$$\begin{aligned}&Q_\theta(n)-Q'(n)\\&=\boldsymbol{B}(n)\boldsymbol{\Delta\theta}_\rho(n)\\&=\left[\frac{\partial Q'(n)}{\partial \theta'_1(n)},\frac{\partial Q'(n)}{\partial \theta'_2(n)},\cdots,\frac{\partial Q'(n)}{\partial \theta'_{L_\theta}(n)}\right]\begin{bmatrix}\theta_1(n)-\theta'_1(n)\\\theta_2(n)-\theta'_2(n)\\\vdots\\\theta_{L_\theta}(n)-\theta'_{L_\theta}(n)\end{bmatrix}\end{aligned}\tag{4.11}$$

式中：$\boldsymbol{E}_{\mathrm{T},\rho}$ 为密度 $\rho$ 下的洪水预报总误差，$[Q(n)-Q'(n)]$为在第 $n$ 个变量上的变化量；$\boldsymbol{E}_{\mathrm{P},\rho}$ 为密度 $\rho$ 下的降雨误差，$[Q_{\mathrm{P}}(n)-Q'(n)]$为在第 $n$ 个变量上的变化量；$\boldsymbol{E}_{\mathrm{M},\rho}$ 为密度 $\rho$ 下的模型误差，$[Q_\theta(n)-Q'(n)]$为在第 $n$ 个变量上的变化量；$\boldsymbol{\Delta P}_\rho(n)$为密度 $\rho$ 下的在第 $n$ 个变量上的面雨量计算值，$[P_{L_P}(n)-P'_{L_P}(n)]$为面雨量计算值在 $L_P$ 时刻的变化量；$\boldsymbol{A}(n)$为面雨量计算值在第 $n$ 个变量上的响应函数矩阵，通过向后差分法求解得到；$\boldsymbol{\Delta\theta}_\rho(n)$为密度 $\rho$ 下的在第 $n$ 个变量上的模型参数估计值，$[\theta_{L_\theta}(n)-\theta'_{L_\theta}(n)]$为模型参数的变化量；$\boldsymbol{B}(n)$为模型参数估计值在第 $n$ 个变量上的响应函数矩阵，通过向后差分法求解得到。

据式(4.4)、式(4.5)和式(4.6)，可得：

$$\boldsymbol{E}_{\mathrm{P},\rho}(n)=\eta_{\mathrm{P},\rho}\boldsymbol{E}_{\mathrm{T},\rho}(n)=\boldsymbol{A}(n)\boldsymbol{\Delta P}_\rho(n)\tag{4.12}$$

$$\boldsymbol{E}_{\mathrm{M},\rho}(n)=\eta_{\mathrm{M},\rho}\boldsymbol{E}_{\mathrm{T},\rho}(n)=\boldsymbol{B}(n)\boldsymbol{\Delta\theta}_\rho(n)\tag{4.13}$$

基于经典最小二乘(Least Squares, LS)原理，得到面雨量校正量系列 $\boldsymbol{\Delta P}_\rho(n)$和模型参数校正量系列 $\boldsymbol{\Delta\theta}_\rho(n)$：

$$\boldsymbol{\Delta P}_\rho(n)=\eta_{\mathrm{P},\rho}(\boldsymbol{A}^{\mathrm{T}}(n)\boldsymbol{A}(n))^{-1}\boldsymbol{A}^{\mathrm{T}}(n)\boldsymbol{E}_{\mathrm{T},\rho}(n)\tag{4.14}$$

$$\boldsymbol{\Delta\theta}_\rho(n)=\eta_{\mathrm{M},\rho}(\boldsymbol{B}^{\mathrm{T}}(n)\boldsymbol{B}(n))^{-1}\boldsymbol{B}^{\mathrm{T}}(n)\boldsymbol{E}_{\mathrm{T},\rho}(n)\tag{4.15}$$

将式(4.14)和式(4.15)得到的 $\boldsymbol{\Delta P}_\rho(n)$和 $\boldsymbol{\Delta\theta}_\rho(n)$，分别加到原面雨量系列 $\boldsymbol{P}_{\mathrm{C},\rho}(n)$和模型参数系列 $\boldsymbol{\theta}_{\mathrm{C},\rho}(n)$上，则可得到校正后的面雨量系列 $\boldsymbol{P}'_{\mathrm{C},\rho}(n)$和校正后的模型参数系列 $\boldsymbol{\theta}'_{\mathrm{C},\rho}(n)$分别为：

$$\boldsymbol{P}'_{C,\rho}(n)=\boldsymbol{P}_{C,\rho}(n)+\boldsymbol{\Delta P}_{\rho}(n) \tag{4.16}$$

$$\boldsymbol{\theta}'_{C,\rho}(n)=\boldsymbol{\theta}_{C,\rho}(n)+\boldsymbol{\Delta\theta}_{\rho}(n) \tag{4.17}$$

最后，将式(4.16)和式(4.17)中校正后的$\boldsymbol{P}'_{C,\rho}(n)$和$\boldsymbol{\theta}'_{C,\rho}(n)$系列重新输入洪水预报模型进行计算，其他条件不变，得到出口断面新的洪水预报结果，即校正后的流量过程$Q'_{C,\rho}(t)$：

$$Q'_{C,\rho}(t)=f[\boldsymbol{P}'_{C,\rho}(n),\boldsymbol{\theta}'_{C,\rho}(n),t] \tag{4.18}$$

### 4.1.3 响应函数稳定求解

相比于DSRC和MSE-DSRC校正方法，3D-DSRC校正方法建立的响应函数系统的维度变高，这将导致在实际计算中出现大量矩阵运算。高维度的矩阵运算有时会出现病态方程组无解的情况，或者出现求解不稳定导致校正效果的反演不适定的情况。因此，为了保障3D-DSRC方法在校正过程中的鲁棒性，有必要通过创新求解大型矩阵的技术来降低校正量对误差变化的敏感度。

1982年，Paige和Saunders提出了最小二乘正交分解法(Least Squares QR, LSQR)，用于计算大型稀疏线性方程组。LSQR算法是共轭梯度算法的一种变形，其优越性不仅表现在对数据误差传递的压制上，还表现在对线性方程组求真实解的收敛速率上，可有效地计算大规模线性离散不适定问题的近似解。本书选择将该算法应用于3D-DSRC方法的响应函数矩阵求解过程中。

由于求解线性系统等价于求解最小二乘(LS)问题，则：

$$\min\|\boldsymbol{Af}-\boldsymbol{g}\|_2 \tag{4.19}$$

式(4.19)的目标是求出使矩阵方程两边的误差平方和最小化的解向量$\boldsymbol{f}$。所以，LS问题也等价于如下的正规方程：

$$\boldsymbol{A}^{\mathrm{T}}\boldsymbol{Af}=\boldsymbol{A}^{\mathrm{T}}\boldsymbol{g} \tag{4.20}$$

正规方程的条件数是原问题的平方。如果原问题的条件数本身就比较大，那么正规方程的条件数就更大，迭代求解时收敛会更慢，而舍入误差的影响也更明显。因此，LSQR算法将原线性方程组等价于下面的鞍点问题：

$$\begin{bmatrix}\boldsymbol{I} & \boldsymbol{A}\\ \boldsymbol{A}^{\mathrm{T}} & \boldsymbol{0}\end{bmatrix}\begin{bmatrix}\boldsymbol{r}\\ \boldsymbol{f}\end{bmatrix}=\begin{bmatrix}\boldsymbol{g}\\ \boldsymbol{0}\end{bmatrix}\Leftrightarrow \boldsymbol{A}\tilde{\boldsymbol{f}}=\tilde{\boldsymbol{g}} \tag{4.21}$$

式中：$\boldsymbol{r}=\boldsymbol{g}-\boldsymbol{Af}$，取初值$[0,0]^{\mathrm{T}}$，然后采用Lanczos方法构造Krylov子空间$K(\boldsymbol{A},\boldsymbol{g}_0)=\mathrm{span}\{\boldsymbol{g}_0,\boldsymbol{Ag}_0,\cdots,\boldsymbol{A}^{m-1}\boldsymbol{g}_0\}$的一组标准正交基，其中$\boldsymbol{g}_0=[\boldsymbol{g},\boldsymbol{0}]^{\mathrm{T}}$。

计算得：

$$\boldsymbol{v}_1=\frac{1}{\|\boldsymbol{g}\|_2}\begin{bmatrix}\boldsymbol{g}\\ \boldsymbol{0}\end{bmatrix},\ \boldsymbol{v}_2=\frac{1}{\|\boldsymbol{A}^{\mathrm{T}}\boldsymbol{g}\|_2}\begin{bmatrix}\boldsymbol{0}\\ \boldsymbol{A}^{\mathrm{T}}\boldsymbol{g}\end{bmatrix} \tag{4.22}$$

根据式(4.22)类推所有基向量，分析规律，归纳出基向量 $\boldsymbol{v}_{2k-1}$ 和 $\boldsymbol{v}_{2k}$ 的基本形式如下：

$$\boldsymbol{v}_{2k-1}=\begin{bmatrix}*\\ \boldsymbol{0}\end{bmatrix},\quad \boldsymbol{v}_{2k}=\begin{bmatrix}\boldsymbol{0}\\ *\end{bmatrix} \tag{4.23}$$

引入单位向量 $\boldsymbol{u}_k$ 和 $\boldsymbol{w}_k$ 来表示式(4.23)这组基：

$$\boldsymbol{v}_{2k-1}=\begin{bmatrix}\boldsymbol{u}_k\\ \boldsymbol{0}\end{bmatrix},\quad \boldsymbol{v}_{2k}=\begin{bmatrix}\boldsymbol{0}\\ \boldsymbol{w}_k\end{bmatrix},\quad k=1,2,\cdots \tag{4.24}$$

记 $\beta=\|\boldsymbol{g}\|_2$，则对称鞍点问题式(4.21)的 Lanczos 过程可表示成：

$$\begin{cases}\beta\boldsymbol{u}_1=\boldsymbol{g},\\ \alpha_1\boldsymbol{w}_1=\boldsymbol{A}^{\mathrm{T}}\boldsymbol{u}_1,\end{cases}\qquad \begin{cases}\beta_k\boldsymbol{u}_{k+1}=\boldsymbol{A}\boldsymbol{w}_k-\alpha_k\boldsymbol{u}_k,\\ \alpha_{k+1}\boldsymbol{w}_{k+1}=\boldsymbol{A}^{\mathrm{T}}\boldsymbol{u}_{k+1}-\beta_k\boldsymbol{w}_k,\end{cases}\quad k=1,2,\cdots \tag{4.25}$$

式中：$\beta_k>0$ 和 $\alpha_{k+1}>0$ 的选取是确保 $\|\boldsymbol{u}_{k+1}\|_2=\|\boldsymbol{w}_{k+1}\|_2=1$，即：

$$\beta_k=\|\boldsymbol{A}\boldsymbol{w}_k-\alpha_k\boldsymbol{u}_k\|_2,\ \alpha_{k+1}=\|\boldsymbol{A}^{\mathrm{T}}\boldsymbol{u}_{k+1}-\beta_k\boldsymbol{w}_k\|_2 \tag{4.26}$$

以上步骤实际上是 Lanczos 双对角化过程。记 $\boldsymbol{U}_m=[\boldsymbol{u}_1,\boldsymbol{u}_2,\cdots,\boldsymbol{u}_m]$，$\boldsymbol{W}_m=[\boldsymbol{w}_1,\boldsymbol{w}_2,\cdots,\boldsymbol{w}_m]$，则有：

$$\boldsymbol{A}\boldsymbol{W}_m=\boldsymbol{U}_m\widetilde{\boldsymbol{H}}_m^{\mathrm{T}},\ \boldsymbol{A}\boldsymbol{U}_m=\boldsymbol{W}_m\widetilde{\boldsymbol{H}}_m^{\mathrm{T}}+\alpha_m w_m\boldsymbol{e}_{m+1}^{\mathrm{T}} \tag{4.27}$$

其中：

$$\widetilde{\boldsymbol{H}}_m=\begin{bmatrix}\alpha_1 & & & \\ \beta_1 & \alpha_2 & & \\ & \beta_2 & \ddots & \\ & & \ddots & \alpha_m\\ & & & \beta_m\end{bmatrix}\in\mathbf{R}^{(m+1)\times m} \tag{4.28}$$

$$\boldsymbol{e}_{m+1}=[0,0,\cdots,1]^{\mathrm{T}}\in\mathbf{R}^{m+1} \tag{4.29}$$

且 $\boldsymbol{U}_{m+1}^{\mathrm{T}}\boldsymbol{U}_{m+1}=\boldsymbol{I}_{m+1}$，$\boldsymbol{W}_m^{\mathrm{T}}\boldsymbol{W}_m=\boldsymbol{I}_m$。

所以，列向量组 $\begin{bmatrix}\boldsymbol{U}_{m+1} & \boldsymbol{0}\\ \boldsymbol{0} & \boldsymbol{W}_m\end{bmatrix}$ 构成了子空间 $K_{2m+1}(\boldsymbol{A},\boldsymbol{g}_0)$ 的一组基。

$\begin{bmatrix}\tilde{\boldsymbol{r}}\\ \tilde{\boldsymbol{f}}\end{bmatrix}$记为式(4.21)的近似解：

$$\begin{bmatrix}\tilde{\boldsymbol{r}}\\ \tilde{\boldsymbol{f}}\end{bmatrix}=\begin{bmatrix}\boldsymbol{U}_{m+1} & \boldsymbol{0}\\ \boldsymbol{0} & \boldsymbol{W}_m\end{bmatrix}\begin{bmatrix}\boldsymbol{t}_{m+1}\\ \boldsymbol{y}_m\end{bmatrix} \tag{4.30}$$

由式(4.21)可得：

$$\boldsymbol{g}-\boldsymbol{A}\tilde{\boldsymbol{f}}=\beta\boldsymbol{u}_1-\boldsymbol{A}\boldsymbol{W}_m\boldsymbol{y}_m=\boldsymbol{U}_{m+1}\beta\boldsymbol{e}_1-\boldsymbol{U}_{m+1}\widetilde{\boldsymbol{H}}_m\boldsymbol{y}_m=\boldsymbol{U}_{m+1}(\beta\boldsymbol{e}_1-\widetilde{\boldsymbol{H}}_m\boldsymbol{y}_m) \tag{4.31}$$

所以，极小化残量范数就等价于求解下面的最小二乘问题：

$$\min\|\beta\boldsymbol{e}_1-\widetilde{\boldsymbol{H}}_m\boldsymbol{y}_m\|_2 \tag{4.32}$$

因为 $\widetilde{\boldsymbol{H}}_m$ 具有特殊形态，非常适用于基于 Givens 变换的 QR 分解，仅耗费 O($m$)个运算，这也就形成了完整的 LSQR 算法。因此，对于病态问题，LSQR 算法在数值计算上具有收敛快、稳定性高的优势，而正则化方法在不适定问题处理中效果突出，将 LSQR 算法和正则化方法两者结合应用于洪水预报实时校正问题中，于是得到新的最小二乘问题：

$$\min\{\|\boldsymbol{A}\tilde{\boldsymbol{f}}-\boldsymbol{g}\|_2^2+\lambda^2\|\boldsymbol{f}\|_2^2\} \tag{4.33}$$

等价于增广法方程：

$$(\boldsymbol{A}^{\mathrm{T}}\boldsymbol{A}+\lambda\boldsymbol{I})\boldsymbol{f}=\boldsymbol{A}^{\mathrm{T}}\boldsymbol{g} \tag{4.34}$$

据式(4.34)，可以根据混合正则化 LSQR 算法，稳定求解式(4.14)和式(4.15)：

$$[\boldsymbol{A}^{\mathrm{T}}(n)\boldsymbol{A}(n)+\lambda_1\boldsymbol{I}]\Delta\boldsymbol{P}_\rho(n)=\boldsymbol{A}^{\mathrm{T}}(n)[\eta_{\mathrm{P},\rho}\boldsymbol{E}_{\mathrm{T},\rho}(n)] \tag{4.35}$$

$$[\boldsymbol{B}^{\mathrm{T}}(n)\boldsymbol{B}(n)+\lambda_2\boldsymbol{I}]\Delta\boldsymbol{\theta}_\rho(n)=\boldsymbol{B}^{\mathrm{T}}(n)[\eta_{\mathrm{M},\rho}\boldsymbol{E}_{\mathrm{T},\rho}(n)] \tag{4.36}$$

### 4.1.4 方法校正流程

综上，为了帮助理解第 4.1.1 节至 4.1.3 节的基本概念，将 3D-DSRC 校正方法的计算流程绘制于图 4.4 中，具体计算步骤如下：

**步骤 1**：针对雨量站网密度为 $\rho$ 的流域，将模型输入 $\boldsymbol{P}_{\mathrm{C},\rho}$ 和模型参数 $\boldsymbol{\theta}_{\mathrm{C},\rho}$ 输入预报模型，得到洪水预报结果 $f(\boldsymbol{P}_{\mathrm{C},\rho},\boldsymbol{\theta}_{\mathrm{C},\rho})$；基于式(4.1)，减去实测洪水流量值 $Q(\boldsymbol{P}_\rho,\boldsymbol{\theta}_\rho)$，得到洪水预报终端总误差 $\boldsymbol{E}_{\mathrm{T},\rho}$。

**步骤 2**：根据第二章提出的 DEFF 方法，建立雨量站网密度与各过程误差占比的区域综合统一的解析方程，基于式(4.2)和式(4.3)，计算面雨量误差占比 $\eta_{\mathrm{P},\rho}$ 和模型误差占比 $\eta_{\mathrm{M},\rho}$；基于式(4.4)和式(4.5)，将洪水预报总误差 $\boldsymbol{E}_{\mathrm{T},\rho}$ 定量划分为面雨量误差 $\boldsymbol{E}_{\mathrm{P},\rho}$ 和模型误差 $\boldsymbol{E}_{\mathrm{M},\rho}$ 两部分。

**步骤 3：** 根据全流域主河道上的水文站数目，将整个流域空间划分为相应个数的子流域单元，每个流域单元就是 3D-DSRC 校正方法的一个误差响应单元。基于式(4.6)，建立输出误差与全流域全过程全变量的误差之间的响应函数线性系统，其中 $\boldsymbol{A}(n)$ 为面雨量计算值在第 $n$ 个变量上的响应函数矩阵，$\boldsymbol{B}(n)$ 为模型参数估计值在第 $n$ 个变量上的响应函数矩阵。

**步骤 4：** 基于式(4.14)和式(4.15)，对全流域洪水预报误差全过程同时进行校正，可借助式(4.35)和式(4.36)求响应函数稳定解，得到面雨量校正量 $\Delta\boldsymbol{P}_{\rho}(n)$ 和模型参数校正量 $\Delta\boldsymbol{\theta}_{\rho}(n)$。

**步骤 5：** 基于式(4.16)和式(4.17)，得到校正后的面雨量系列 $\boldsymbol{P}'_{\mathrm{C},\rho}(n)$ 和校正后的模型参数系列 $\boldsymbol{\theta}'_{\mathrm{C},\rho}(n)$，重新预报计算，得到校正后的出口断面流量过程 $Q'_{\mathrm{C},\rho}(t)$。

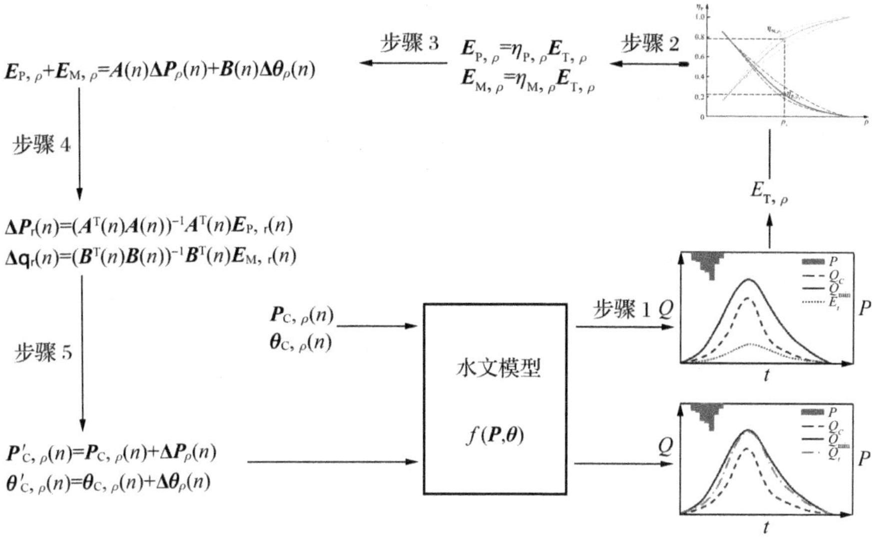


图 4.4　三维动态系统响应曲线校正方法的计算流程

## 4.2 动力系统反演校正方法

本章提出的动力系统反演校正方法(DSI)，在第三章的基础上，进一步考虑洪水预报误差在长河道汇流过程中的传递和累积，目的是对长河段/复杂河流系统的误差进行同时校正。DSI 方法的主要校正步骤是:基于马斯京根法矩阵方程,描述多河段多区间入流的河道汇流过程,根据断面(站点)间的水力联系及观测资料信息,综合确定方程参数,构建整个流域河道洪水演算模型;基于动力系统反演理论,建立具有自适应特征的洪水预报误差递推方程,动态调整模型阶数及模型参数,以适应不同时刻和不同条件下的预报误差变化规律;最后,利用修正后的多河段状态变量正演得到预报断面的洪水过程,进而达到多河段同时校正的目的,最终降低河道出口断面洪水预报总误差。该方法考虑了复杂河系中各断面在空间上的水力联系和预报误差在时程上的传递规律,充分利用上游多断面实测和校正信息对下游预报断面的预报误差进行校正,以达到全流域预报误差同时校正的目的。

## 4.2.1 长河道汇流概化

图 4.5 展示了一个自然河流系统。

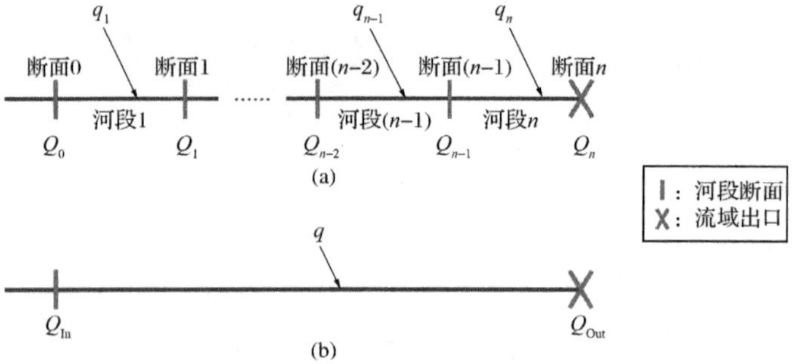


**图 4.5 自然河流系统示意图**

其中,图 4.5(a)将系统内的长河段划分为 $n$ 个子河段(从 1 级河流至 $n$ 级河流)和 $n+1$ 个河段断面(从第 0 个断面至第 $n$ 个断面,其中,第 0 个断面为河源断面,第 $n$ 个断面为流域出口断面)。由于该系统各级河流的上下游断面之间存在水力联系,因此各断面流量 $Q_i(i=1,2,\cdots,n)$的来源包含两部分:① 第 $i$ 个河段的上断面入流,即第 $i-1$ 个断面的控制面积以上降水径流 $Q_{i-1}$;② 第 $i$ 个河段的区间入流 $q_i$。相应地,各断面流量的预报误差也由两部分组成:① 上断面入流的预报误差;② 区间入流的预报误差。因此,对于一个如图 4.5(a)所示的复杂河流系统,其出口断面流量预报误差的大小是由上游多个区间和断面的预报误差共同作用与影响决定的。

图 4.5(b)将图 4.5(a)中的复杂多河段河流系统简化成了一个单河段系统，下断面出口断面流量为 $Q_{\text{Out}}$，上断面河源断面流量为 $Q_{\text{In}}$，河段区间入流为 $q$。因此，对于图 4.5(b)所示的概化的单河段系统，认为流域下游出口断面流量预报误差的大小仅受该断面的预报误差影响。

基于动力系统反演理论的马斯京根流量演算的单河段校正方法，考虑了河段汇流演算过程中的上断面入流项、区间输入项以及马斯京根法模型本身误差，通过建立各项误差的非线性动力系统反演方程(建立原理同单断面校正方法)，对各项误差进行校正，以提高河道下断面洪水预报精度。

如图 4.5(b)所示，考虑区间入流的单河段马斯京根法演算方程可表示为：

$$Q_{\text{Out}}^{t+\Delta t}=C_0Q_{\text{In}}^{t+\Delta t}+C_1Q_{\text{In}}^{t}+C_2Q_{\text{Out}}^{t}+q^{t+\Delta t} \tag{4.37}$$

其中：

$$\begin{cases}C_0=\dfrac{0.5\Delta t-Kx}{0.5\Delta t+K-Kx}\\[2ex] C_1=\dfrac{0.5\Delta t+Kx}{0.5\Delta t+K-Kx}\\[2ex] C_2=\dfrac{-0.5\Delta t+K-Kx}{0.5\Delta t+K-Kx}\end{cases} \tag{4.38}$$

式中：$t+\Delta t$ 为预报时刻；$Q_{\text{In}}^{t+\Delta t}$、$Q_{\text{Out}}^{t+\Delta t}$ 和 $q^{t+\Delta t}$ 分别为预报时刻的河道上断面预报流量、下断面预报流量和区间预报流量；$Q_{\text{In}}^{t}$ 和 $Q_{\text{Out}}^{t}$ 分别为 $t$ 时刻的河道上断面实测流量和下断面实测流量；$C_0$、$C_1$ 和 $C_2$ 均为演算系数；$K$ 为蓄量关系曲线的坡度；$x$ 为流量比重系数。

因此，可以计算得到河道下断面的马斯京根法预报结果的误差：

$$\varepsilon_{\text{Out}}^{t+\Delta t}=Q_{\text{Out}}^{t+\Delta t}-(C_0Q_{\text{In}}^{t+\Delta t}+C_1Q_{\text{In}}^{t}+C_2Q_{\text{Out}}^{t}+q^{t+\Delta t}) \tag{4.39}$$

以 AR 校正模型为例，建立如下河道下断面的预报流量误差的自回归估计式：

$$\varepsilon_{\text{Out}}^{t+\Delta t+L}=c_1\varepsilon_{\text{Out}}^{t+\Delta t}+c_2\varepsilon_{\text{Out}}^{t}+\cdots+c_p\varepsilon_{\text{Out}}^{t+2\Delta t-p\Delta t}+\xi^{t+\Delta t+L} \tag{4.40}$$

式中：$\varepsilon_{\text{Out}}^{t+\Delta t+L}$ 为 $t+\Delta t+L$ 时刻的误差估计值；$\varepsilon_{\text{Out}}^{t+\Delta t}$ 为 $t+\Delta t$ 时刻的误差计算值，$\varepsilon_{\text{Out}}^{t}$ 为 $t$ 时刻的误差计算值，$\varepsilon_{\text{Out}}^{t+2\Delta t-p\Delta t}$ 为 $t+2\Delta t-p\Delta t$ 时刻的误差计算值，均由实测值减计算值得到；$\xi^{t+\Delta t+L}$ 为校正后的 $t+\Delta t+L$ 时刻的系统残差，是同时服从正态分布和具有时间序列独立性的白噪声；$c_1,c_2,\cdots,c_p$ 是自回归系数系列，可以是常系数，也可以是与最新反馈信息相关联的变系数；$p$ 为回归阶

数，通过率定得到，一般为二阶或三阶。

将估计的 $t+\Delta t+L$ 时刻的下断面预报流量误差 $\varepsilon_{\text{Out}}^{t+\Delta t+L}$ 加上原下断面预报值，得到校正后的下断面预报值：

$$(Q_{\text{Out}}^{t+\Delta t+L})'=Q_{\text{Out}}^{t+\Delta t+L}+\varepsilon_{\text{Out}}^{t+\Delta t+L} \tag{4.41}$$

式中：$Q_{\text{Out}}^{t+\Delta t+L}$ 代表校正前的下断面预报计算值；$(Q_{\text{Out}}^{t+\Delta t+L})'$ 代表校正后的下断面预报计算值。

这是一种传统的河道洪水演进预报误差的实时校正方法。通过将自然复杂河流系统概化为简单的单河段系统，即仅校正单河段的马斯京根法洪水演进过程中的预报误差，来提升系统出口断面的流量预报精度。单河段校正方法概念简单，应用简便，但存在一定的局限性。因此，本章提出的 DSI 校正方法直接根据图 4.5(a)中的自然长河道汇流过程，利用长河道全部信息，通过构建马斯京根法矩阵方程，耦合动力系统反演方程，来描述洪水预报误差在时空上的传递和演进，从而对全流域预报误差进行同时校正。

## 4.2.2 马斯京根法矩阵方程的构建

马斯京根法是一个被广泛应用的线性汇流方法，对于分段连续演算的汇流系统，朱华[90]提出了马斯京根法的矩阵方程及其求解法。本书提出的 DSI 校正方法就是基于马斯京根法矩阵方程的理论，描述多站点、多断面的河流系统，从而考虑河道汇流时的流量演进和误差传递。

将图 4.5(a)所示的具有 $n$ 个子河段的河流系统表示成马斯京根法的矩阵形式（考虑区间入流）：

$$\begin{bmatrix} 1 & 0 & \cdots & 0 & 0 \\ -C_{1,0} & 1 & \cdots & 0 & 0 \\ \vdots & \vdots & & \vdots & \vdots \\ 0 & 0 & \cdots & 1 & 0 \\ 0 & 0 & \cdots & -C_{n,0} & 1 \end{bmatrix} \begin{bmatrix} Q_0^{t+\Delta t} \\ Q_1^{t+\Delta t} \\ \vdots \\ Q_{n-1}^{t+\Delta t} \\ Q_n^{t+\Delta t} \end{bmatrix}$$

$$=\begin{bmatrix} 0 & 0 & \cdots & 0 & 0 \\ C_{1,1} & C_{1,2} & \cdots & 0 & 0 \\ \vdots & \vdots & & \vdots & \vdots \\ 0 & 0 & \cdots & C_{n-1,2} & 0 \\ 0 & 0 & \cdots & C_{n,1} & C_{n,2} \end{bmatrix} \begin{bmatrix} Q_0^{t} \\ Q_1^{t} \\ \vdots \\ Q_{n-1}^{t} \\ Q_n^{t} \end{bmatrix} + \begin{bmatrix} Q_0^{t+\Delta t} \\ q_1^{t+\Delta t} \\ \vdots \\ q_{n-1}^{t+\Delta t} \\ q_n^{t+\Delta t} \end{bmatrix} \tag{4.42}$$

式中：$Q_0^t$ 和 $Q_0^{t+\Delta t}$ 分别为 $t$ 时刻和 $t+\Delta t$ 时刻的第 1 个子河段的上断面入流；$Q_1^t,\cdots,Q_{n-1}^t,Q_n^t$ 和 $Q_1^{t+\Delta t},\cdots,Q_{n-1}^{t+\Delta t},Q_n^{t+\Delta t}$ 分别为 $t$ 时刻和 $t+\Delta t$ 时刻的第 1 个至第 $n$ 个子河段的下断面出流；$q_1^{t+\Delta t},\cdots,q_{n-1}^{t+\Delta t},q_n^{t+\Delta t}$ 分别为 $t+\Delta t$ 时刻的第 1 个至第 $n$ 个子河段的区间入流；$C_{1,0},C_{1,1},C_{1,2},\cdots,C_{n-1,2},C_{n,0},C_{n,1},C_{n,2}$ 分别为各河段的马斯京根法演算系数。

以第 3 个子河段为例，如果各子河段的演算系数相等，那么有：

$$\begin{bmatrix} 1 & & & \\ -C_0 & 1 & & \\ & -C_0 & 1 & \\ & & -C_0 & 1 \end{bmatrix}\begin{bmatrix} Q_0^{t+\Delta t} \\ Q_1^{t+\Delta t} \\ Q_2^{t+\Delta t} \\ Q_3^{t+\Delta t} \end{bmatrix}=\begin{bmatrix} 0 & & & \\ C_1 & C_2 & & \\ & C_1 & C_2 & \\ & & C_1 & C_2 \end{bmatrix}\begin{bmatrix} Q_0^t \\ Q_1^t \\ Q_2^t \\ Q_3^t \end{bmatrix}+\begin{bmatrix} Q_0^{t+\Delta t} \\ q_1^{t+\Delta t} \\ q_2^{t+\Delta t} \\ q_3^{t+\Delta t} \end{bmatrix} \tag{4.43}$$

## 4.2.3　马斯京根法矩阵方程中区间入流误差计算

马斯京根法矩阵方程应考虑河道汇流演进过程中的区间入流误差以及第 1 个河段的上断面入流误差。第 1 个河段的上断面入流误差可根据历史预报值和实测值计算，而由于区间来水不好测量，因此区间入流误差系列根据该河段下断面实测流量扣除区间预报流量在下断面的响应来推算。以式(4.43)所示的第 3 个子河段为例，即：

$$\begin{cases} \varepsilon_0^t=Q_{0,\mathrm{m}}^t-Q_{0,\mathrm{c}}^t \\ \delta_1^t=q_1^t-q_{1,\mathrm{c}}^t=Q_{1,\mathrm{m}}^t-[C_0Q_{0,\mathrm{c}}^t+C_1Q_{0,\mathrm{m}}^{t-\Delta t}+C_2Q_{1,\mathrm{m}}^{t-\Delta t}+q_{1,\mathrm{c}}^t] \\ \delta_2^t=q_2^t-q_{2,\mathrm{c}}^t=Q_{2,\mathrm{m}}^t-[C_0Q_{1,\mathrm{c}}^t+C_1Q_{1,\mathrm{m}}^{t-\Delta t}+C_2Q_{2,\mathrm{m}}^{t-\Delta t}+q_{2,\mathrm{c}}^t] \\ \delta_3^t=q_3^t-q_{3,\mathrm{c}}^t=Q_{3,\mathrm{m}}^t-[C_0Q_{2,\mathrm{c}}^t+C_1Q_{2,\mathrm{m}}^{t-\Delta t}+C_2Q_{3,\mathrm{m}}^{t-\Delta t}+q_{3,\mathrm{c}}^t] \end{cases} \tag{4.44}$$

式中：$\varepsilon_0^t$ 为 $t$ 时刻的第 1 个河段的上断面入流误差，$Q_{0,\mathrm{m}}^t$ 为 $t$ 时刻的第 1 个河段的上断面入流的实测值，$Q_{0,\mathrm{c}}^t$ 为 $t$ 时刻的第 1 个河段的上断面入流的预报值；$\delta_1^t,\delta_2^t,\delta_3^t$ 分别为 $t$ 时刻的第 1、2、3 个河段的区间入流误差系列，$q_1^t,q_2^t,q_3^t$ 分别为 $t$ 时刻的 3 个河段的区间入流真值系列，$q_{1,\mathrm{c}}^t,q_{2,\mathrm{c}}^t,q_{3,\mathrm{c}}^t$ 分别为 $t$ 时刻的 3 个河段的区间入流预报值系列；$Q_{0,\mathrm{c}}^t,Q_{1,\mathrm{c}}^t,Q_{2,\mathrm{c}}^t$ 为 $t$ 时刻 3 个河段的上断面入流预报值系列，$Q_{1,\mathrm{m}}^{t-\Delta t},Q_{2,\mathrm{m}}^{t-\Delta t},Q_{3,\mathrm{m}}^{t-\Delta t}$ 为 $t-\Delta t$ 时刻的 3 个河段的下断面出流实测值系列。

### 4.2.4 区间入流误差的动力系统自适应反演

基于动力系统误差反演的校正方法，对河道断面的预报误差进行校正，以提高洪水预报精度。动力系统是指状态变量随时间变化的系统，可由特定的方程（例如微分方程）描述。动力系统反演则是指通过观测资料反求动力系统方程的过程。

以出口断面流量系列为研究对象，并以一个受3个变量影响的系统为例。根据出口断面流量的历史预报值和实测值，计算洪水预报误差。

$$\begin{cases}\varepsilon(t)=Q_m(t)-Q_c(t)\\ \varepsilon(t-\Delta t)=Q_m(t-\Delta t)-Q_c(t-\Delta t)\\ \varepsilon(t-2\Delta t)=Q_m(t-2\Delta t)-Q_c(t-2\Delta t)\end{cases}\tag{4.45}$$

式中：$Q_m(t)$，$Q_m(t-\Delta t)$，$Q_m(t-2\Delta t)$分别为$t$，$t-\Delta t$，$t-2\Delta t$时刻的出口断面实测流量；$Q_c(t)$，$Q_c(t-\Delta t)$，$Q_c(t-2\Delta t)$分别为$t$，$t-\Delta t$，$t-2\Delta t$时刻的出口断面预报流量；$\varepsilon(t)$，$\varepsilon(t-\Delta t)$，$\varepsilon(t-2\Delta t)$分别为$t$，$t-\Delta t$，$t-2\Delta t$时刻的出口断面洪水预报误差。

根据预报误差时间系列的相依特性，建立误差反演方程：

$$\begin{cases}\mathrm{d}\varepsilon(t)/\mathrm{d}t=a_1\varepsilon(t)+a_2\varepsilon(t-\Delta t)+a_3\varepsilon(t-2\Delta t)+a_4\varepsilon(t)\varepsilon(t-\Delta t)+\\ \quad a_5\varepsilon(t)\varepsilon(t-2\Delta t)+a_6\varepsilon(t-\Delta t)\varepsilon(t-2\Delta t)+a_7\varepsilon^2(t)+\\ \quad a_8\varepsilon^2(t-\Delta t)+a_9\varepsilon^2(t-2\Delta t)+a_{10}\varepsilon(t)\varepsilon(t-\Delta t)\varepsilon(t-2\Delta t)\\ \mathrm{d}\varepsilon(t-\Delta t)/\mathrm{d}t=b_1\varepsilon(t)+b_2\varepsilon(t-\Delta t)+b_3\varepsilon(t-2\Delta t)+b_4\varepsilon(t)\varepsilon(t-\Delta t)+\\ \quad b_5\varepsilon(t)\varepsilon(t-2\Delta t)+b_6\varepsilon(t-\Delta t)\varepsilon(t-2\Delta t)+b_7\varepsilon^2(t)+\\ \quad b_8\varepsilon^2(t-\Delta t)+b_9\varepsilon^2(t-2\Delta t)+b_{10}\varepsilon(t)\varepsilon(t-\Delta t)\varepsilon(t-2\Delta t)\\ \mathrm{d}\varepsilon(t-2\Delta t)/\mathrm{d}t=c_1\varepsilon(t)+c_2\varepsilon(t-\Delta t)+c_3\varepsilon(t-2\Delta t)+c_4\varepsilon(t)\varepsilon(t-\Delta t)+\\ \quad c_5\varepsilon(t)\varepsilon(t-2\Delta t)+c_6\varepsilon(t-\Delta t)\varepsilon(t-2\Delta t)+c_7\varepsilon^2(t)+\\ \quad c_8\varepsilon^2(t-\Delta t)+c_9\varepsilon^2(t-2\Delta t)+c_{10}\varepsilon(t)\varepsilon(t-\Delta t)\varepsilon(t-2\Delta t)\end{cases}\tag{4.46}$$

式中：参数$a_1$，$a_2$，$a_3$，$a_4$，$a_5$，$a_6$，$a_7$，$a_8$，$a_9$，$a_{10}$，$b_1$，$b_2$，$b_3$，$b_4$，$b_5$，$b_6$，$b_7$，$b_8$，$b_9$，$b_{10}$和$c_1$，$c_2$，$c_3$，$c_4$，$c_5$，$c_6$，$c_7$，$c_8$，$c_9$，$c_{10}$是根据观测资料得到的方程特解。

将微分$\mathrm{d}\varepsilon(t)/\mathrm{d}t$，$\mathrm{d}\varepsilon(t-\Delta t)/\mathrm{d}t$，$\mathrm{d}\varepsilon(t-2\Delta t)/\mathrm{d}t$转换成差分，得到$t+\Delta t$时刻预报误差$\varepsilon(t+\Delta t)$的反演方程：

$$\varepsilon(t+\Delta t)=\begin{bmatrix} a_1\varepsilon(t)+a_2\varepsilon(t-\Delta t)+a_3\varepsilon(t-2\Delta t)+a_4\varepsilon(t)\varepsilon(t-\Delta t)+ \\ a_5\varepsilon(t)\varepsilon(t-2\Delta t)+a_6\varepsilon(t-\Delta t)\varepsilon(t-2\Delta t)+a_7\varepsilon^2(t)+ \\ a_8\varepsilon^2(t-\Delta t)+a_9\varepsilon^2(t-2\Delta t)+a_{10}\varepsilon(t)\varepsilon(t-\Delta t)\varepsilon(t-2\Delta t) \end{bmatrix}\Delta t+\varepsilon(t) \tag{4.47}$$

参照式(4.47)，则可建立式(4.43)的各区间入流误差(包括第 1 个河段的上断面入流误差)的动力系统反演方程：

$$\begin{cases} \varepsilon_0^{t+\Delta t}=[a_{0,1}\varepsilon_0^t+a_{0,2}\varepsilon_0^{t-\Delta t}+a_{0,3}\varepsilon_0^{t-2\Delta t}+\cdots+a_{0,10}\varepsilon_0^t\varepsilon_0^{t-\Delta t}\varepsilon_0^{t-2\Delta t}]\Delta t+\varepsilon_0^t \\ \delta_1^{t+\Delta t}=[a_{1,1}\delta_1^t+a_{1,2}\delta_1^{t-\Delta t}+a_{1,3}\delta_1^{t-2\Delta t}+\cdots+a_{1,10}\delta_1^t\delta_1^{t-\Delta t}\delta_1^{t-2\Delta t}]\Delta t+\delta_1^t \\ \delta_2^{t+\Delta t}=[a_{2,1}\delta_2^t+a_{2,2}\delta_2^{t-\Delta t}+a_{2,3}\delta_2^{t-2\Delta t}+\cdots+a_{2,10}\delta_2^t\delta_2^{t-\Delta t}\delta_2^{t-2\Delta t}]\Delta t+\delta_2^t \\ \delta_3^{t+\Delta t}=[a_{3,1}\delta_3^t+a_{3,2}\delta_3^{t-\Delta t}+a_{3,3}\delta_3^{t-2\Delta t}+\cdots+a_{3,10}\delta_3^t\delta_3^{t-\Delta t}\delta_3^{t-2\Delta t}]\Delta t+\delta_3^t \end{cases} \tag{4.48}$$

式中：$\varepsilon_0^{t+\Delta t}$，$\varepsilon_0^t$，$\varepsilon_0^{t-\Delta t}$，$\varepsilon_0^{t-2\Delta t}$ 分别为 $t+\Delta t$，$t$，$t-\Delta t$，$t-2\Delta t$ 时刻的第 1 个河段的上断面入流误差，也可认为是该河段的旁侧入流误差，$a_{0,1}$，$a_{0,2}$，$a_{0,3}$，…，$a_{0,10}$ 分别为第 1 个河段的反演方程参数；$\delta_1^{t+\Delta t}$，$\delta_2^{t+\Delta t}$，$\delta_3^{t+\Delta t}$，$\delta_1^t$，$\delta_2^t$，$\delta_3^t$，$\delta_1^{t-\Delta t}$，$\delta_2^{t-\Delta t}$，$\delta_3^{t-\Delta t}$，$\delta_1^{t-2\Delta t}$，$\delta_2^{t-2\Delta t}$，$\delta_3^{t-2\Delta t}$ 分别为 $t+\Delta t$，$t$，$t-\Delta t$，$t-2\Delta t$ 时刻的 3 个河段的区间入流误差系列；$a_{1,1}$，$a_{1,2}$，$a_{1,3}$，…，$a_{1,10}$，$a_{2,1}$，$a_{2,2}$，$a_{2,3}$，…，$a_{2,10}$，$a_{3,1}$，$a_{3,2}$，$a_{3,3}$，…，$a_{3,10}$ 为每个河段的反演方程参数。

实际上，式(4.48)建立的误差反演方程是自适应变化的，可以根据历史数据资料，动态地调整方程的阶数(如，赤池信息量准则 AIC、贝叶斯信息准则 BIC 等选择评估工具)以及方程的参数，这里仅以 3 阶的反演方程为例进行介绍。

### 4.2.5　马斯京根法矩阵与动力系统反演耦合方程

将式(4.48)代入式(4.43)，建立基于马斯京根法矩阵方程的流量预报误差演算式：

$$\begin{bmatrix} 1 & & & \\ -C_0 & 1 & & \\ & -C_0 & 1 & \\ & & -C_0 & 1 \end{bmatrix}\begin{bmatrix} (Q_0^{t+\Delta t})' \\ (Q_1^{t+\Delta t})' \\ (Q_2^{t+\Delta t})' \\ (Q_3^{t+\Delta t})' \end{bmatrix}=\begin{bmatrix} 0 & & & \\ C_1 & C_2 & & \\ & C_1 & C_2 & \\ & & C_1 & C_2 \end{bmatrix}\begin{bmatrix} Q_{0,\mathrm{m}}^t \\ Q_{1,\mathrm{m}}^t \\ Q_{2,\mathrm{m}}^t \\ Q_{3,\mathrm{m}}^t \end{bmatrix}+\begin{bmatrix} Q_{0,\mathrm{c}}^{t+\Delta t}+\varepsilon_0^{t+\Delta t} \\ q_{1,\mathrm{c}}^{t+\Delta t}+\delta_1^{t+\Delta t} \\ q_{2,\mathrm{c}}^{t+\Delta t}+\delta_2^{t+\Delta t} \\ q_{3,\mathrm{c}}^{t+\Delta t}+\delta_3^{t+\Delta t} \end{bmatrix} \tag{4.49}$$

式中：$C_0$，$C_1$，$C_2$ 分别为马斯京根法演算系数；$(Q_0^{t+\Delta t})'$为校正后的 $t+\Delta t$ 时刻的第 1 个河段上断面入流预报值，$(Q_1^{t+\Delta t})'$，$(Q_2^{t+\Delta t})'$，$(Q_3^{t+\Delta t})'$分别为校正后的 $t+\Delta t$ 时刻的 3 个河段下断面出流预报值系列；$Q_{0,\mathrm{m}}^t$ 为 $t$ 时刻的第 1 个河段上断面入流实测值，$Q_{1,\mathrm{m}}^t$，$Q_{2,\mathrm{m}}^t$，$Q_{3,\mathrm{m}}^t$ 分别为 $t$ 时刻的 3 个河段下断面出流实测值系列；$Q_{0,\mathrm{c}}^{t+\Delta t}$ 为校正前的 $t+\Delta t$ 时刻的第 1 个河段上断面入流预报值，$q_{1,\mathrm{c}}^{t+\Delta t}$，$q_{2,\mathrm{c}}^{t+\Delta t}$，$q_{3,\mathrm{c}}^{t+\Delta t}$ 分别为校正前的 $t+\Delta t$ 时刻的 3 个河段下断面出流预报值系列；$\varepsilon_0^{t+\Delta t}$，$\delta_1^{t+\Delta t}$，$\delta_2^{t+\Delta t}$，$\delta_3^{t+\Delta t}$ 分别为 $t+\Delta t$ 时刻的流量预报误差系列。

式(4.49)等号左边有两个相乘的矩阵，对第一个系数矩阵求逆。将得到的逆矩阵分别左乘式(4.49)等号的两边，式(4.49)等号左边则可消除只剩一个流量系列矩阵，即：

$$\begin{bmatrix}(Q_0^{t+\Delta t})'\\(Q_1^{t+\Delta t})'\\(Q_2^{t+\Delta t})'\\(Q_3^{t+\Delta t})'\end{bmatrix}=(\boldsymbol{U}^{\mathrm{T}}\boldsymbol{U})^{-1}\boldsymbol{U}^{\mathrm{T}}\boldsymbol{V}\begin{bmatrix}Q_{0,\mathrm{m}}^t\\Q_{1,\mathrm{m}}^t\\Q_{2,\mathrm{m}}^t\\Q_{3,\mathrm{m}}^t\end{bmatrix}+(\boldsymbol{U}^{\mathrm{T}}\boldsymbol{U})^{-1}\boldsymbol{U}^{\mathrm{T}}\begin{bmatrix}Q_{0,\mathrm{c}}^{t+\Delta t}+\varepsilon_0^{t+\Delta t}\\q_{1,\mathrm{c}}^{t+\Delta t}+\delta_1^{t+\Delta t}\\q_{2,\mathrm{c}}^{t+\Delta t}+\delta_2^{t+\Delta t}\\q_{3,\mathrm{c}}^{t+\Delta t}+\delta_3^{t+\Delta t}\end{bmatrix} \tag{4.50}$$

其中：

$$\boldsymbol{U}=\begin{bmatrix}1 & & & \\ -C_0 & 1 & & \\ & -C_0 & 1 & \\ & & -C_0 & 1\end{bmatrix} \tag{4.51}$$

$$\boldsymbol{V}=\begin{bmatrix}0 & & & \\ C_1 & C_2 & & \\ & C_1 & C_2 & \\ & & C_1 & C_2\end{bmatrix} \tag{4.52}$$

式(4.50)写成向量形式如下：

$$\boldsymbol{Q}'(t+\Delta t)=\boldsymbol{HQ}(t)+\boldsymbol{P}[\boldsymbol{q}(t+\Delta t)+\hat{\boldsymbol{\varepsilon}}(t+\Delta t)] \tag{4.53}$$

其中：

$$\boldsymbol{H}=(\boldsymbol{U}^{\mathrm{T}}\boldsymbol{U})^{-1}\boldsymbol{U}^{\mathrm{T}}\boldsymbol{V} \tag{4.54}$$

$$\boldsymbol{P}=(\boldsymbol{U}^{\mathrm{T}}\boldsymbol{U})^{-1}\boldsymbol{U}^{\mathrm{T}} \tag{4.55}$$

式中：$\boldsymbol{H}$ 和 $\boldsymbol{P}$ 均为系数矩阵，由马斯京根法演算系数矩阵 $\boldsymbol{U}$ 和矩阵 $\boldsymbol{V}$ 计算得

到；$\boldsymbol{Q}(t+\Delta t)$为 $t+\Delta t$ 时刻断面流量预报值向量，$\boldsymbol{Q}(t)$为 $t$ 时刻断面流量实测值向量，$\boldsymbol{q}(t+\Delta t)$为 $t+\Delta t$ 时刻区间流量预报值向量，$\boldsymbol{\varepsilon}(t+\Delta t)$为 $t+\Delta t$ 时刻区间流量预报误差预测值向量。

式(4.53)即为具有自适应特征的多河段同时校正的 DSI 方法的主体，据此可以进行全流域洪水预报误差同时校正。

### 4.2.6　方法校正流程

为了帮助厘清第 4.2.1 节至 4.2.5 节的基本概念，将 DSI 校正方法的计算流程绘制于图 4.6 中，具体计算步骤如下：

**步骤 1**：计算系数矩阵 $\boldsymbol{H}$ 和 $\boldsymbol{P}$。基于式(4.38)，由马斯京根参数 $K$，$x$，$\Delta t$ 计算得到马斯京根法演算系数 $C_0$，$C_1$ 和 $C_2$；基于式(4.51)和式(4.52)，由 $C_0$，$C_1$ 和 $C_2$ 计算得到演算系数矩阵 $\boldsymbol{U}$ 和 $\boldsymbol{V}$；基于式(4.54)和式(4.55)，由 $\boldsymbol{U}$ 和 $\boldsymbol{V}$ 计算得到系数矩阵 $\boldsymbol{H}$ 和 $\boldsymbol{P}$。

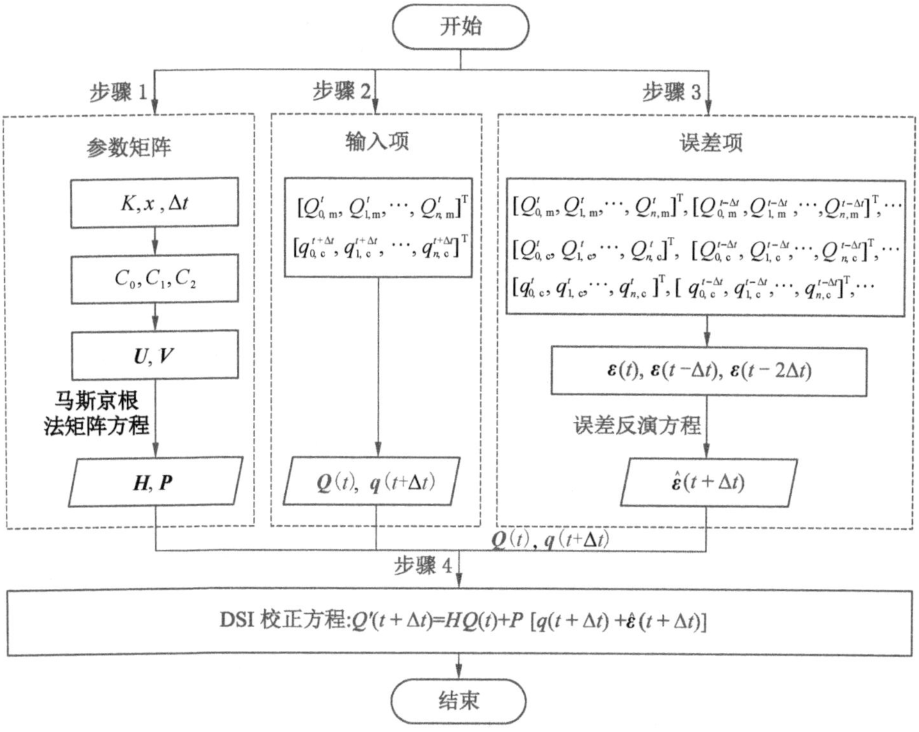


图 4.6　动力系统反演校正方法的计算流程

**步骤 2**：输入流量向量 $\boldsymbol{Q}(t)$ 和 $\boldsymbol{Q}(t+\Delta t)$。输入从第 0 个断面至第 $n$ 个断面的断面流量 $\boldsymbol{Q}(t)=[Q_{0,\mathrm{m}}^{t},Q_{1,\mathrm{m}}^{t},\cdots,Q_{n,\mathrm{m}}^{t}]^{\mathrm{T}}$ 和从第 1 个河段至第 $n$ 个河段的区间入流 $\boldsymbol{q}(t+\Delta t)=[q_{0,\mathrm{c}}^{t+\Delta t},q_{1,\mathrm{c}}^{t+\Delta t},\cdots,q_{n,\mathrm{c}}^{t+\Delta t}]^{\mathrm{T}}$。

**步骤 3**：计算误差向量 $\hat{\boldsymbol{\varepsilon}}(t+\Delta t)$。基于式(4.44)，由实测断面流量 $[Q_{0,\mathrm{m}}^{t},Q_{1,\mathrm{m}}^{t},\cdots,Q_{n,\mathrm{m}}^{t}]^{\mathrm{T}}$，$[Q_{0,\mathrm{m}}^{t-\Delta t},Q_{1,\mathrm{m}}^{t-\Delta t},\cdots,Q_{n,\mathrm{m}}^{t-\Delta t}]^{\mathrm{T}}$，…，预报断面流量 $[Q_{0,\mathrm{c}}^{t},Q_{1,\mathrm{c}}^{t},\cdots,Q_{n,\mathrm{c}}^{t}]^{\mathrm{T}}$，$[Q_{0,\mathrm{c}}^{t-\Delta t},Q_{1,\mathrm{c}}^{t-\Delta t},\cdots,Q_{n,\mathrm{c}}^{t-\Delta t}]^{\mathrm{T}}$，… 和预报区间入流 $[q_{0,\mathrm{c}}^{t},q_{1,\mathrm{c}}^{t},\cdots,q_{n,\mathrm{c}}^{t}]^{\mathrm{T}}$，$[q_{0,\mathrm{c}}^{t-\Delta t},q_{1,\mathrm{c}}^{t-\Delta t},\cdots,q_{n,\mathrm{c}}^{t-\Delta t}]^{\mathrm{T}}$，…，分别计算误差系列 $\boldsymbol{\varepsilon}(t)$，$\boldsymbol{\varepsilon}(t-\Delta t)$ 和 $\boldsymbol{\varepsilon}(t-2\Delta t)$；基于式(4.48)，由 $\boldsymbol{\varepsilon}(t)$，$\boldsymbol{\varepsilon}(t-\Delta t)$ 和 $\boldsymbol{\varepsilon}(t-2\Delta t)$，演算估计误差向量 $\hat{\boldsymbol{\varepsilon}}(t+\Delta t)$。

**步骤 4**：运行 DSI 校正方法。将步骤 1 得到的系数矩阵 $\boldsymbol{H}$ 和 $\boldsymbol{P}$，步骤 2 得到的入流向量 $\boldsymbol{Q}(t)$ 和 $\boldsymbol{q}(t+\Delta t)$，以及步骤 3 得到的误差向量 $\hat{\boldsymbol{\varepsilon}}(t+\Delta t)$，一起输入 DSI 校正方程，基于 DSI 校正式(4.53)，演算更新校正后的 $t+\Delta t$ 时刻的断面流量预报值向量 $\boldsymbol{Q}'(t+\Delta t)$。

实质上，步骤 1～3 是 DSI 方法的输入，步骤 4 是 DSI 方法的主体。通过步骤 1～4，就可以根据起报点 $t$ 时刻前的全部上游多站点/多断面的实测、预报和校正信息，校正 $t+\Delta t$ 时刻的预报流量。

## 4.3 应用验证及结果分析

本节共分为三部分内容：(1) 3D-DSRC 方法的校正结果及分析；(2) DSI 方法的校正结果及分析；(3) 3D-DSRC 与 DSI 两种校正方法的比较分析。

### 4.3.1 三维动态系统响应曲线校正方法的校正结果及分析

#### 1) 实际应用流域

为验证方法的可行性，将 3D-DSRC 校正方法应用于乐安河虎山站以上流域(具体位置如图 1.2 所示)，流域面积为 6 261 $\mathrm{km}^2$。如图 4.7 所示，虎山站以上流域内共有 28 个雨量站，站网密度为 0.004 5 个/$\mathrm{km}^2$；主河道沿线共有 4 个水文站，分别为汪口站、三都站、香屯站和虎山站(具体资料情况见表 1.1)。本节基于这 4 个水文站，将虎山站以上流域划分为 4 个单元：汪口以上、汪口—三都、三都—香屯、香屯—虎山。每个单元之间都存在水力联系，以对提出的 3D-DSRC 校正方法进行应用检验。

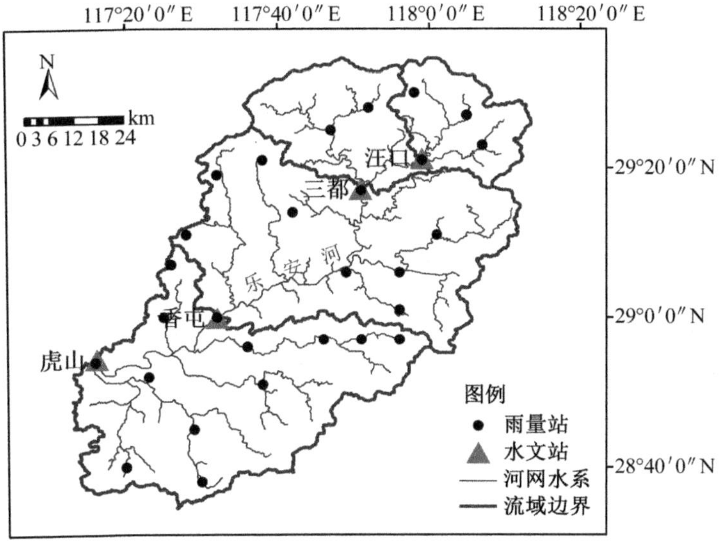


**图 4.7　虎山站以上流域的分区图**

### 2) 实际应用策略

基于第二章和第三章的研究内容可知，对于邻近的水文相似流域，建立的面雨量误差、模型误差与雨量站网密度之间的定量关系是相似的。因此，基于第二章建立的饶河流域定量关系曲线(图 2.11)及通用解析方程[式(2.20)和式(2.21)]，进行 3D-DSRC 校正方法的应用验证与检验。

从虎山站以上流域 1990—2019 年间的雨洪资料中，共选取 30 场次洪进行 3D-DSRC 方法预报校正，具体洪号见表 4.1。同时，为了对比研究，采用面雨量误差修正的 DSRC 方法和同时校正面雨量误差与模型误差的 MSE-DSRC 方法对这 30 场洪水的预报结果进行校正。统计所有新安江模型(XAJ)预报、DSRC 校正、MSE-DSRC 校正和 3D-DSRC 校正共 4 种模型的结果，分别计算洪峰流量相对误差 $\delta Q_{\mathrm{m}}$、峰现时间绝对误差 $\Delta T$、径流深相对误差 $\delta R$ 及确定性系数 $DC$ 共 4 个评价指标，进行定量评估。

表 4.1　三维动态系统响应曲线校正按洪号递增排序的场次洪水基本情况

| 序号 | 洪号 | 洪峰流量/($m^3/s$) | 序号 | 洪号 | 洪峰流量/($m^3/s$) |
|---|---|---|---|---|---|
| 1 | 19900421 | 2 010 | 16 | 20040515 | 3 890 |
| 2 | 19910326 | 1 490 | 17 | 20050522 | 1 320 |
| 3 | 19920703 | 4 850 | 18 | 20060627 | 1 610 |
| 4 | 19930617 | 5 920 | 19 | 20070618 | 636 |
| 5 | 19940616 | 5 800 | 20 | 20080616 | 4 020 |
| 6 | 19950602 | 5 620 | 21 | 20090728 | 1 840 |
| 7 | 19960418 | 2 810 | 22 | 20100517 | 3 690 |
| 8 | 19970707 | 7 160 | 23 | 20110605 | 2 220 |
| 9 | 19980618 | 5 790 | 24 | 20130429 | 1 940 |
| 10 | 19990415 | 4 630 | 25 | 20140620 | 4 800 |
| 11 | 20000621 | 3 480 | 26 | 20150617 | 2 890 |
| 12 | 20010428 | 2 700 | 27 | 20160618 | 2 950 |
| 13 | 20010504 | 1 800 | 28 | 20170623 | 7 290 |
| 14 | 20020513 | 2 380 | 29 | 20180630 | 2 990 |
| 15 | 20030512 | 3 030 | 30 | 20190703 | 4 150 |

**3）实际应用结果**

图 4.8 统计了基于 4 个精度指标（$\delta Q_m$、$\Delta T$、$\delta R$ 和 $DC$）评估的 4 种模型（XAJ、DSRC、MSE-DSRC 和 3D-DSRC）预报校正的共 30 场次洪结果。其中，图 4.8（a1）、（a2）、（a3）及（a4）是按洪号递增顺序排列的点统计结果，图 4.8（b1）、（b2）、（b3）及（b4）是按模型分类统计的箱形图。

从图 4.8（a1）和（b1）中可以看出：原始洪水预报的 $\delta Q_m$ 范围为－24.2%～32.9%，中位数为－6.1%；经 DSRC 方法校正后，$\delta Q_m$ 范围为－19.4%～41.9%，中位数为 0.7%；经 MSE-DSRC 方法校正后，$\delta Q_m$ 范围缩小至－13.4%～11.0%，中位数为 3.3%；经 3D-DSRC 方法校正后，$\delta Q_m$ 范围进一步缩小至－6.2%～7.2%，中位数为 0.9%。从图 4.8（a2）和（b2）中可以看出：原始洪水预报的 $\Delta T$ 范围为－3～4 h，中位数为 0 h；经 DSRC 方法校正后，$\Delta T$ 范围为－9～5 h，中位数为 0 h；经 MSE-DSRC 方法校正后，$\Delta T$ 范围为－3～4 h，中位

数为 0 h；经 3D-DSRC 方法校正后，$\Delta T$ 范围为－3～4 h，中位数为 0 h。从图 4.8(a3)和(b3)中可以看出：原始洪水预报的 $\delta R$ 范围为－6.8%～23.9%，中位数为 5.1%；经 DSRC 方法校正后，$\delta R$ 范围为－16.8%～29.0%，中位数为

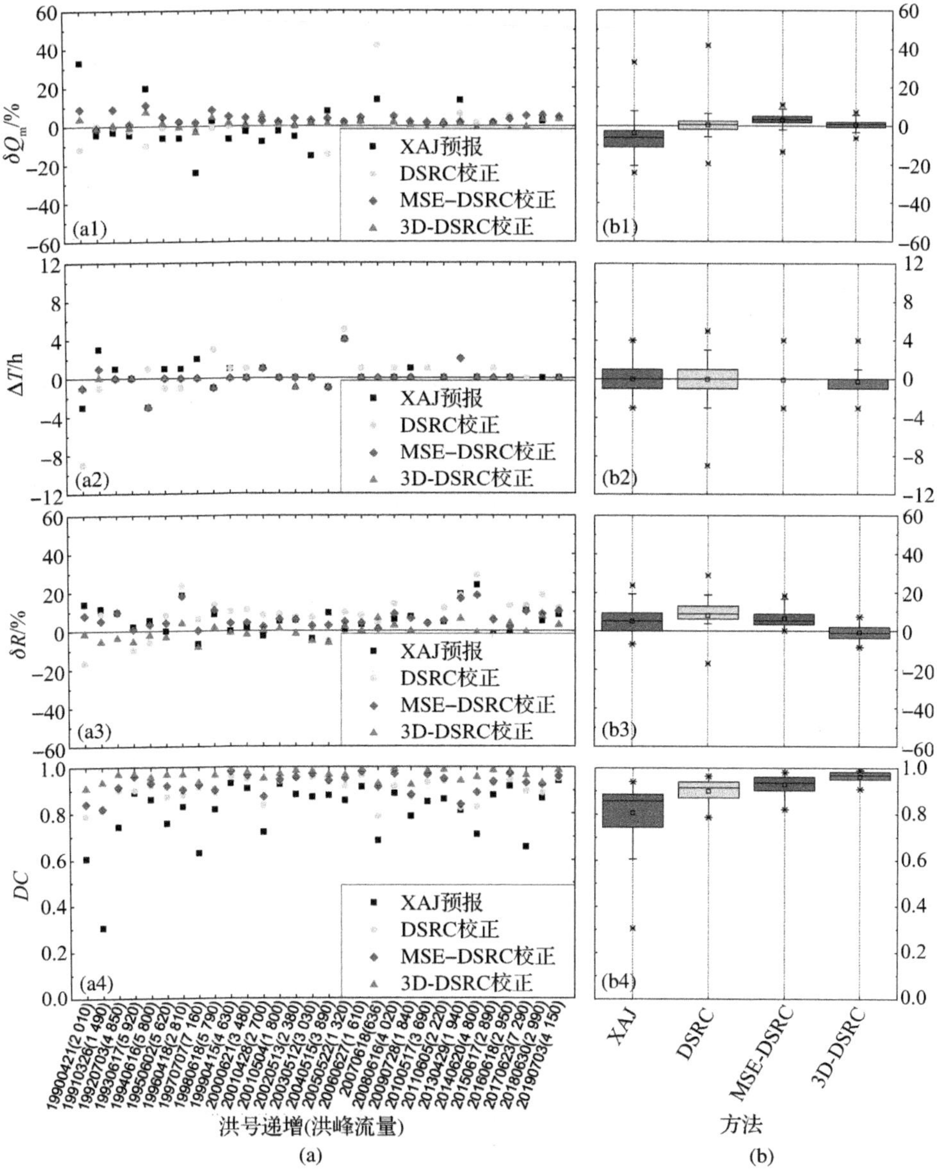


**图 4.8　三维动态系统响应曲线校正按洪号递增排序的点统计结果及对比箱形图**

8.9%；经 MSE-DSRC 方法校正后，$\delta R$ 范围缩小至 0.2%～18.5%，中位数为 5.3%，且离群值变少；经 3D-DSRC 方法校正后，$\delta R$ 范围缩小至－8.4%～7.4%，中位数为－1.1%，且离群值变少。从图 4.8(a4)和(b4)中可以看出：原始洪水预报的 $DC$ 范围为 0.31～0.94，中位数为 0.86；经 DSRC 方法校正后，$DC$ 范围提高至 0.79～0.96，中位数为 0.91；经 MSE-DSRC 方法校正后，$DC$ 范围提高至 0.82～0.98，中位数为 0.94；经 3D-DSRC 方法校正后，$DC$ 范围进一步提高至 0.91～0.99，中位数为 0.96。

根据图 4.8 分析可得：经 DSRC、MSE-DSRC 和 3D-DSRC 方法校正后，30 场次洪的洪水预报精度均有一定程度的提升，且 3D-DSRC 校正方法提升得最多，MSE-DSRC 校正方法次之，DSRC 校正方法提升得最少。

图 4.9 是将图 4.8(a)中 4 个精度指标的点统计结果按照洪峰流量递增顺序重新排列的点统计结果。根据图中洪水洪峰流量大小的排序结果，将 30 场次洪事件分为 3 个等级：前 10 场代表小洪水，中间 10 场代表中等洪水，后 10 场代表大洪水。从图 4.9 中可以看出洪水发生的时间和洪水量级的大小，对 3D-DSRC 方法的校正效果影响相差不大；相对来说，大洪水和小洪水的预报精度比较低，但是经过校正，能提升到保证一定精度。由此可见，3D-DSRC 方法能够有效地提升发生在汛期的不同年代、不同量级、不同类型(单复峰)洪水的预报精度，且提升效果明显。

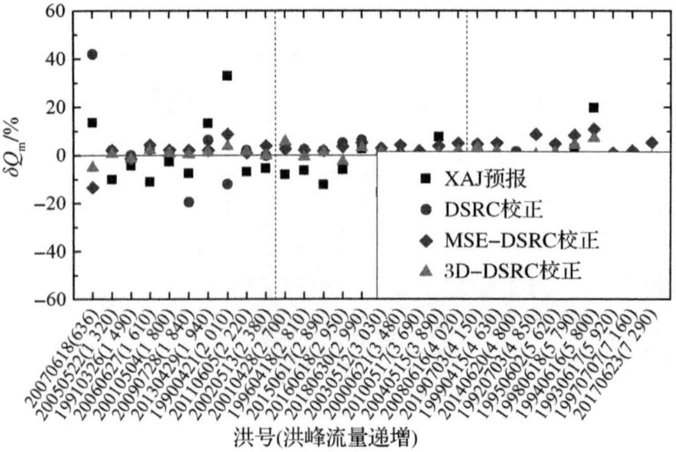


(a)

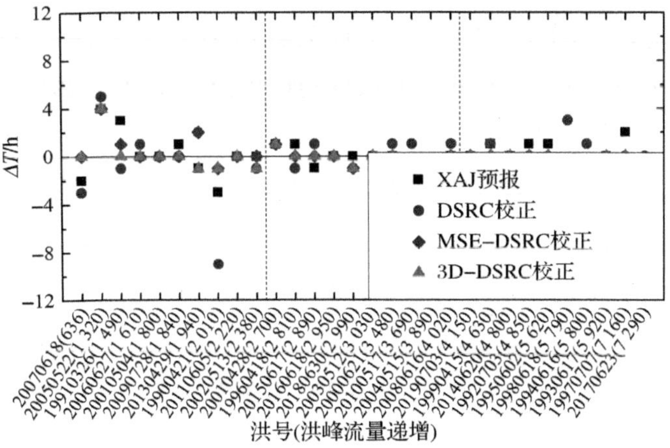


(b)

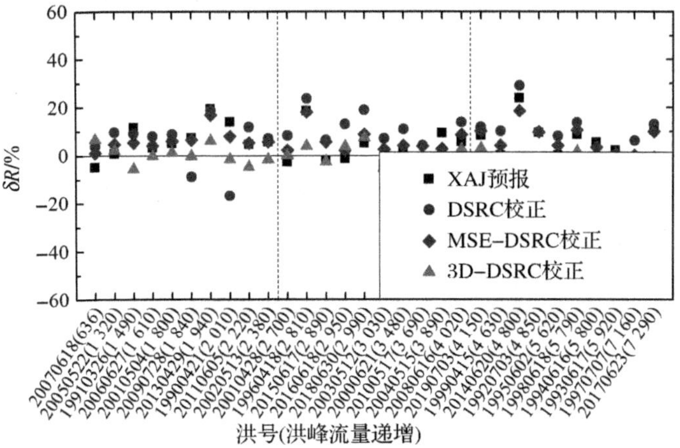


(c)

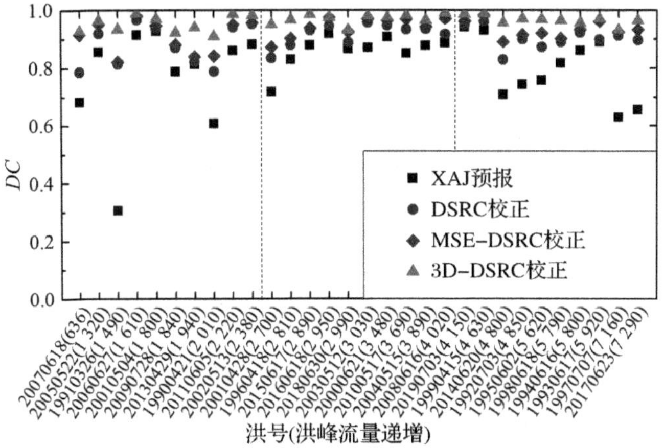


(d)

**图 4.9　三维动态系统响应曲线校正按洪峰流量递增排序的点统计结果**

表 4.2 统计了图 4.9 中 4 个指标的合格率。从表 4.2 中可以看出：经 DSRC、MSE-DSRC 和 3D-DSRC 方法分别校正，原始洪水预报的 4 个指标的合格率都得到了提高，且经 3D-DSRC 方法校正提高得最多；经 3D-DSRC 方法校正，确定性系数 $DC$ 指标的合格率从 20%提高至 100%，为 4 个指标中合格率提升最为明显的；此外，经 3D-DSRC 方法校正，洪峰流量相对误差 $\delta Q_m$、径流深相对误差 $\delta R$ 和确定性系数 $DC$ 指标的合格率均达到了 100%，即全部次洪预报的精度均合格，均在允许误差范围内。由此可推断：3D-DSRC 校正方法考虑了误差的时间、空间、变量的实时校正，对洪峰、洪量及洪水过程的预报精度是全面的提升。

**表 4.2 三维动态系统响应曲线校正的合格率统计结果**

| 预报校正方法 | 合格率/% | | | |
|---|---|---|---|---|
| | $\|\delta Q_m\| < 20\%$ | $\|\Delta T\| < 3$ h | $\|\delta R\| < 20\%$ | $DC > 0.9$ |
| XAJ | 90.0 | 96.7 | 96.7 | 20.0 |
| DSRC | 96.7 | 93.3 | 93.3 | 53.3 |
| MSE-DSRC | 100 | 96.7 | 100 | 80.0 |
| 3D-DSRC | 100 | 96.7 | 100 | 100 |

图 4.10 展示了 4 种模型的 4 个指标绝对值（$|\delta Q_m|$、$|\Delta T|$、$|\delta R|$和$|DC|$）的 1∶1 线图。从图中可以看出：相比于图 4.10(a1)、(a2)、(a3)和(a4)以及图 4.10(b1)、(b2)、(b3)和(b4)，图 4.10(c1)、(c2)、(c3)和(c4)中落在 1∶1 线附近的点最多，且过分偏离的点最少。由此可推断：3D-DSRC 方法提升了洪水预报的精度，也进一步提高了 DSRC 和 MSE-DSRC 方法的校正能力，是 DSRC 方法的全面扩展。

图 4.11 展示了 4 种模型 4 个归一化指标（$|\delta Q_m|^*$、$|\Delta T|^*$、$|\delta R|^*$ 和 $|DC|^*$）的雷达图。从图 4.11 中可以看出：经过 DSRC、MSE-DSRC 和 3D-DSRC 方法校正，雷达图坐标轴上洪水预报的 4 个归一化指标的值都提高了。其中，$|\delta Q_m|^*$ 指标值从原始预报的 0.76 提高至 DSRC 校正后的 0.87、MSE-DSRC 校正后的 0.90 和 3D-DSRC 校正后的 0.95，$|\Delta T|^*$ 指标值从原始预报的 0.89 提高至 MSE-DSRC 校正后的 0.93 和 3D-DSRC 校正后的 0.93，$|\delta R|^*$ 指标值从原始预报的 0.76 提高至 MSE-DSRC 校正的 0.78 和 3D-DSRC 校正后

的 0.89，$|DC|^*$ 指标值从原始预报的 0.73 提高至 DSRC 校正后的 0.87、MSE-DSRC 校正后的 0.91 和 3D-DSRC 校正后的 0.96。统计结果表明：DSRC 校正方法在个别归一化指标上不如原始预报结果，比原始预报的指标值小，但 4 个归一化指标值围成的整个雷达图面积大于原始预报结果的雷达图面积；MSE-DSRC 校正方法的 4 个归一化指标值都比 DSRC 校正方法提高多，因而围成的雷达图面积也更大；相比于 DSRC 和 MSE-DSRC 校正方法，3D-DSRC 校正方法对每个指标值的提升都最多，且经 3D-DSRC 方法校正的雷达图围成的面积最大，全面提升了洪水预报精度。由此可知：3D-DSRC 方法的误差校正效果在整体上优于 DSRC 和 MSE-DSRC 方法。

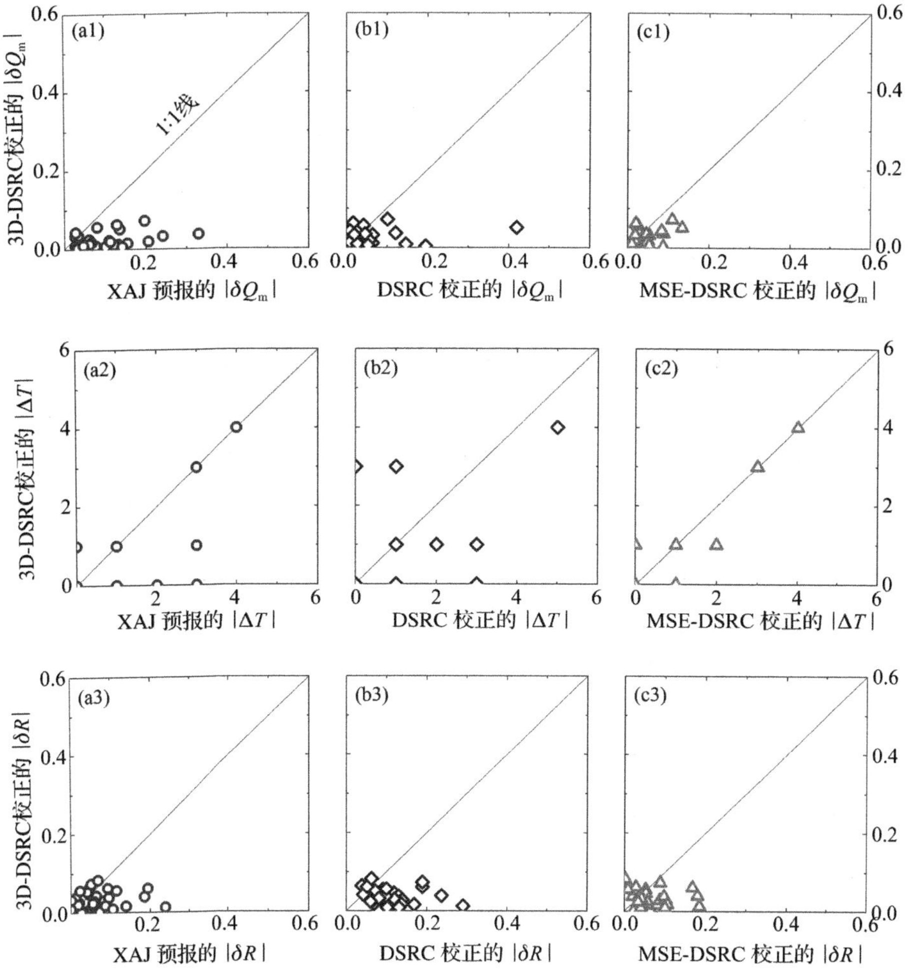

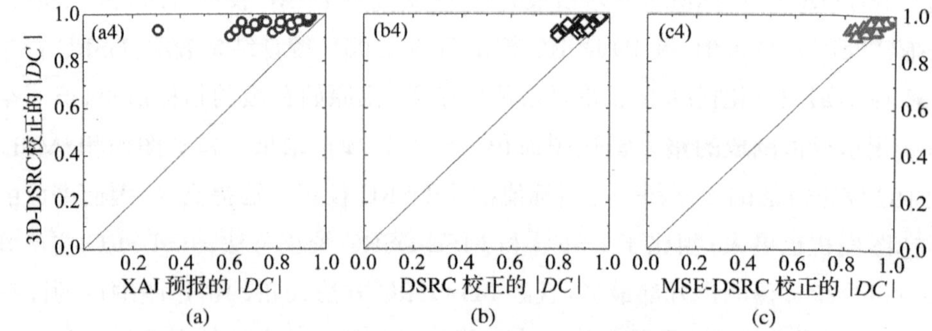


**图 4.10　三维动态系统响应曲线校正精度评价指标的 1∶1 线图**

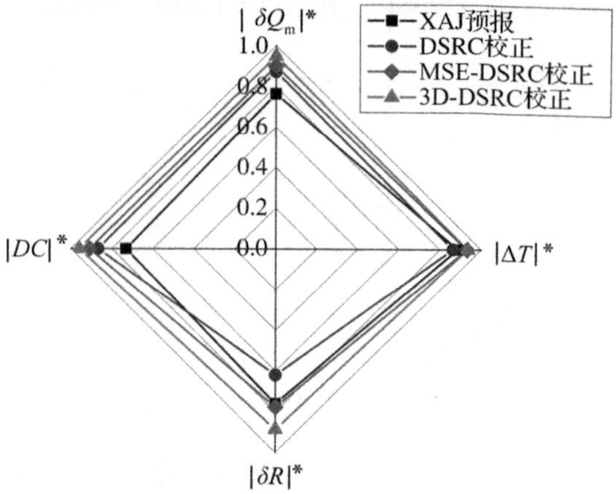


**图 4.11　三维动态系统响应曲线校正结果雷达图**

选取 30 场洪水事件中的单峰和复峰洪水各一场作为典型洪水事件进行分析。图 4.12 展示了这 2 场洪水事件的预报与校正结果。其中，图 4.12(a)是 19960418 号单峰洪水的预报校正结果，图 4.12(b)是 19930617 号复峰洪水的预报校正结果。结果表明：3D-DSRC、MSE-DSRC 与 DSRC 方法校正的洪水过程线都比原始预报的洪水过程线更接近实际观测的洪水过程线，即 3D-DSRC、MSE-DSRC 与 DSRC 方法都具有一定的实时校正能力；相较而言，3D-DSRC 方法校正的洪水过程与实测洪水过程最为接近，即 3D-DSRC 方法比 MSE-DSRC 和 DSRC 方法能进一步提升洪水演进的精度；3D-DSRC 方法对单峰洪水和复峰洪水均有稳定的校正效果，鲁棒性比 MSE-DSRC 和 DSRC 方法更高；同时，3D-DSRC 方法不论是对洪峰流量还是对洪水过程的校正，效果更为理想，综合表现最佳，这有利于在实际应用中，准确地模拟流量过程线，尤其是捕捉单个/多个峰值，以降低洪水风险。结果在一定程度上说明本书提出的 3D-DSRC 校正方法考虑洪水预报的各个过程、考虑空间上的分块分单元，真正做到了时间、空间、变量的三维误差来源的同时校正，具有先进性。

除了这 2 场洪水事件，其他的洪水事件的预报校正结果也表明，3D-DSRC

方法对于洪峰、洪量和洪水过程都是一种理想的误差校正方法，且 3D-DSRC 法鲁棒性高。由此可见，本书提出的 3D-DSRC 校正方法具有有效性、适用性和先进性，能充分考虑全流域信息，全面提升流域洪水预报精度。

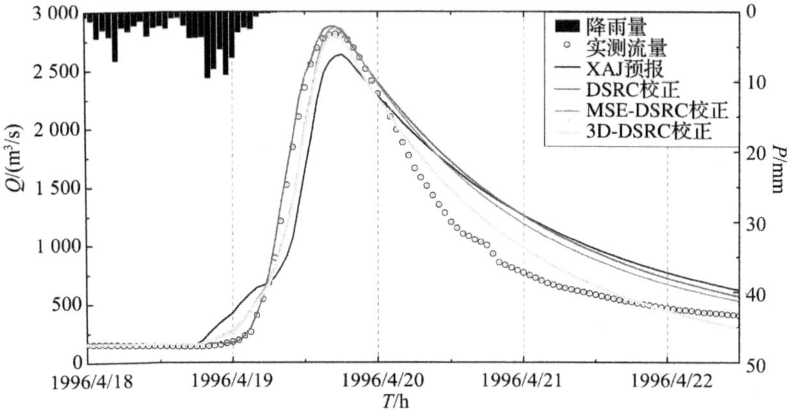


(a) 洪号 19960418

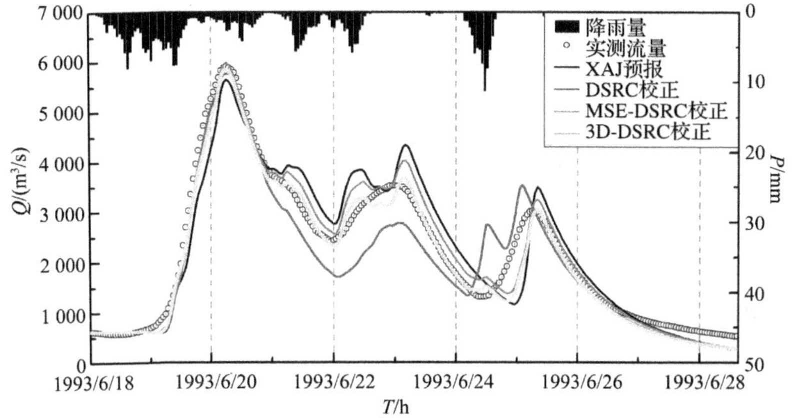


(b) 洪号 19930617

**图 4.12　三维动态系统响应曲线校正的典型次洪结果**

## 4.3.2　动力系统反演校正方法的校正结果及分析

### 1) 实际应用流域

为验证方法的可行性，将 DSI 校正方法应用于乐安河虎山站以上流域(同 3D-DSRC 方法)。如图 4.13 所示，虎山站以上流域是一个从汪口站上游边界到虎山站下游边界的长河段天然水系。虎山站以上流域的主河道沿线有 4 个水文站，分别为汪口站、三都站、香屯站和虎山站。本节基于这 4 个水文站将虎山上以上流域的长河段划分为 3 个子河段：汪口—三都、三都—香屯、香屯—虎山。每个河段之间都存在水力联系，以对提出的 DSI 校正方法进行应用检验。

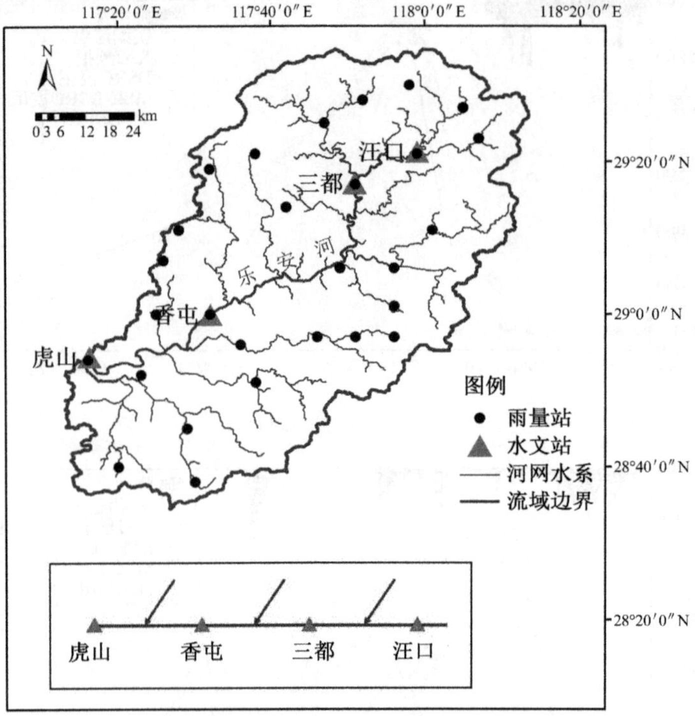


图 4.13　虎山站以上流域的河道分段图

**2）实际应用策略**

从虎山站以上流域 1990—2019 年间的雨洪资料中，共选取 30 场次洪进行 DSI 方法预报校正，具体洪号见表 4.3。

同时，为了对比研究，构建了三种预报校正方案，见表 4.4。其中，方案 1 是直接进行洪水预报和马斯京根法河道洪水演进的结果，没有进行实时校正；方案 2 是经过传统的 AR 模型校正的结果；方案 3 是经过新提出的 DSI 方法校正的结果。

将这三种方案应用于虎山站以上的长河道流域（图 4.13），分别利用方案 2 的 AR 校正模型和方案 3 的 DSI 校正方法对方案 1 的原始预报流量进行修正和重新预测。AR 模型的建模基于整个长河段，与原始洪水预报方案一致，采用经典马斯京根法进行河道洪水演进；DSI 方法的建模基于划分的 3 个子河段，采用马斯京根法矩阵方程进行河道洪水演进。除此之外，这两种校正方法的其他建模条件均保持一致：① AR 模型和 DSI 方法的误差演算方程均采用基于前三个时间间隔的三阶模型；② AR 模型和 DSI 方法的参数均采用最小二乘法进行实时估计和更新，即为时变参数；③ 预报时间间隔（$\Delta t$）为水文资料汇编的最小时间间隔，通常对于一个流域来说，间隔取决于流域大小，流域面积越大，间隔越长，由于虎山流域的预报时间间隔为 1 h，因此 $\Delta t=1$ h；④ 理论上预见期（$L$）没有长度限制，但预报精度会随着预见期的增长而降低，所以对 AR 模型和 DSI 方法均测试了前 12 个预见期（是时间间隔 $\Delta t$ 或小时数的倍数），即 $L=\Delta t\sim 12\Delta t=1\sim 12$ h。

根据江西省水文监测中心的预测方案（1990—2019 年），马斯京根法演算系数设置如下：槽蓄曲线坡度 $K=3$，流量比重系数 $x=0.4$，时间间隔 $\Delta t=1$ h；划分的子河段数目为 $n=3$，每段子河段的参数为 $K_1=\Delta t=1$ h 和 $x=0.4$。

**表 4.3　动力系统反演校正按洪号递增排序的场次洪水基本情况**

| 序号 | 洪号 | 洪峰流量/($m^3$/s) | 序号 | 洪号 | 洪峰流量/($m^3$/s) |
|---|---|---|---|---|---|
| 1 | 19900420 | 2 010 | 16 | 20050523 | 1 320 |
| 2 | 19910413 | 2 110 | 17 | 20060508 | 3 170 |
| 3 | 19920701 | 4 850 | 18 | 20080607 | 5 240 |
| 4 | 19940609 | 5 800 | 19 | 20080616 | 4 020 |
| 5 | 19950427 | 3 690 | 20 | 20100517 | 3 690 |
| 6 | 19950622 | 6 670 | 21 | 20110605 | 2 220 |
| 7 | 19960418 | 2 810 | 22 | 20110613 | 8 040 |
| 8 | 19970705 | 7 160 | 23 | 20130625 | 3 480 |
| 9 | 19980717 | 7 640 | 24 | 20150607 | 4 980 |
| 10 | 19990415 | 4 630 | 25 | 20160601 | 3 020 |
| 11 | 19990424 | 3 690 | 26 | 20170623 | 7 290 |
| 12 | 20000622 | 3 480 | 27 | 20180630 | 2 990 |
| 13 | 20020513 | 2 380 | 28 | 20180705 | 3 930 |
| 14 | 20030512 | 3 030 | 29 | 20190703 | 4 150 |
| 15 | 20040515 | 3 890 | 30 | 20190712 | 7 060 |

**表 4.4 三种预报校正建模方案**

| 方案编号 | 预报校正方法 | 河段数 | 河道洪水演进方法 | 误差校正 | 参数率定 | 时间间隔（$\Delta t$） | 预见期（$L$） |
|---|---|---|---|---|---|---|---|
| 1 | 洪水预报 | 1 | 经典马斯京根法 | — | — | 1 h | — |
| 2 | AR 校正 | 1 | 经典马斯京根法 | 3 阶 AR | 时变最小二乘法 | 1 h | $\Delta t$—$12\Delta t$ |
| 3 | DSI 校正 | 3 | 马斯京根法矩阵方程 | 3 阶 DSI | 时变最小二乘法 | 1 h | $\Delta t$—$12\Delta t$ |

**3）实际应用结果**

基于洪峰流量相对误差 $\delta Q_m$、峰现时间绝对误差 $\Delta T$、径流深相对误差 $\delta R$ 及确定性系数 $DC$ 共 4 个评价指标，分别检验表 4.4 中的三种方案，以评估所提出的 DSI 方法的准确性、可行性及稳定性。

图 4.14 统计了基于这 4 个评价指标（$\delta Q_m$、$\Delta T$、$\delta R$ 和 $DC$）评估的 3 种预报校正方案（洪水预报、AR 校正和 DSI 校正）的共 30 场次洪结果。其中，图 4.14(a1)、(a2)、(a3)及(a4)是按洪号递增顺序排列的点统计结果，图 4.14(b1)、(b2)、(b3)及(b4)是按模型分类统计的箱形图结果。

从图 4.14(a1)和(b1)中可以看出：原始洪水预报的 $\delta Q_m$ 范围为−23.3%～26.1%，中位数为 6.9%；经 AR 方法校正后，$\delta Q_m$ 范围缩小至−12.8%～24.4%，中位数为 2.0%；经 DSI 方法校正后，$\delta Q_m$ 范围进一步缩小至−3.2%～6.0%，中位数为 0.2%，且离群值变少。从图 4.14(a2)和(b2)中可以看出：原始洪水预报的 $\Delta T$ 范围为−12～11 h，中位数为−4 h；经 AR 方法校正后，$\Delta T$ 范围缩小至−8～11 h，中位数为−2 h；经 DSI 方法校正后，$\Delta T$ 范围进一步缩小至−6～6 h，中位数为 1 h。从图 4.14(a3)和(b3)中可以看出：原始洪水预报的 $\delta R$ 范围为−18.3%～27.7%，中位数为 7.7%；经 AR 方法校正后，$\delta R$ 范围缩小至−9.1%～13.5%，中位数为 3.9%；经 DSI 方法校正后，$\delta R$ 范围进一步缩小至−1.1%～1.7%，中位数为 0.4%，且离群值变少。从图 4.14(a4)和(b4)中可以看出：原始洪水预报的 $DC$ 范围为 0.72～0.96，中位数为 0.87；经 AR 方法校正后，$DC$ 范围提高至 0.93～0.97，中位数为 0.95；经 DSI 方法校正后，$DC$ 范围进一步提高至 0.97～0.98，中位数为 0.97，精度较高。由此分析可知：经 AR 和 DSI 方法校正后，长河道洪水预报的精度提升明显，且 DSI 校正方法提升的程度比 AR 校正方法的大。

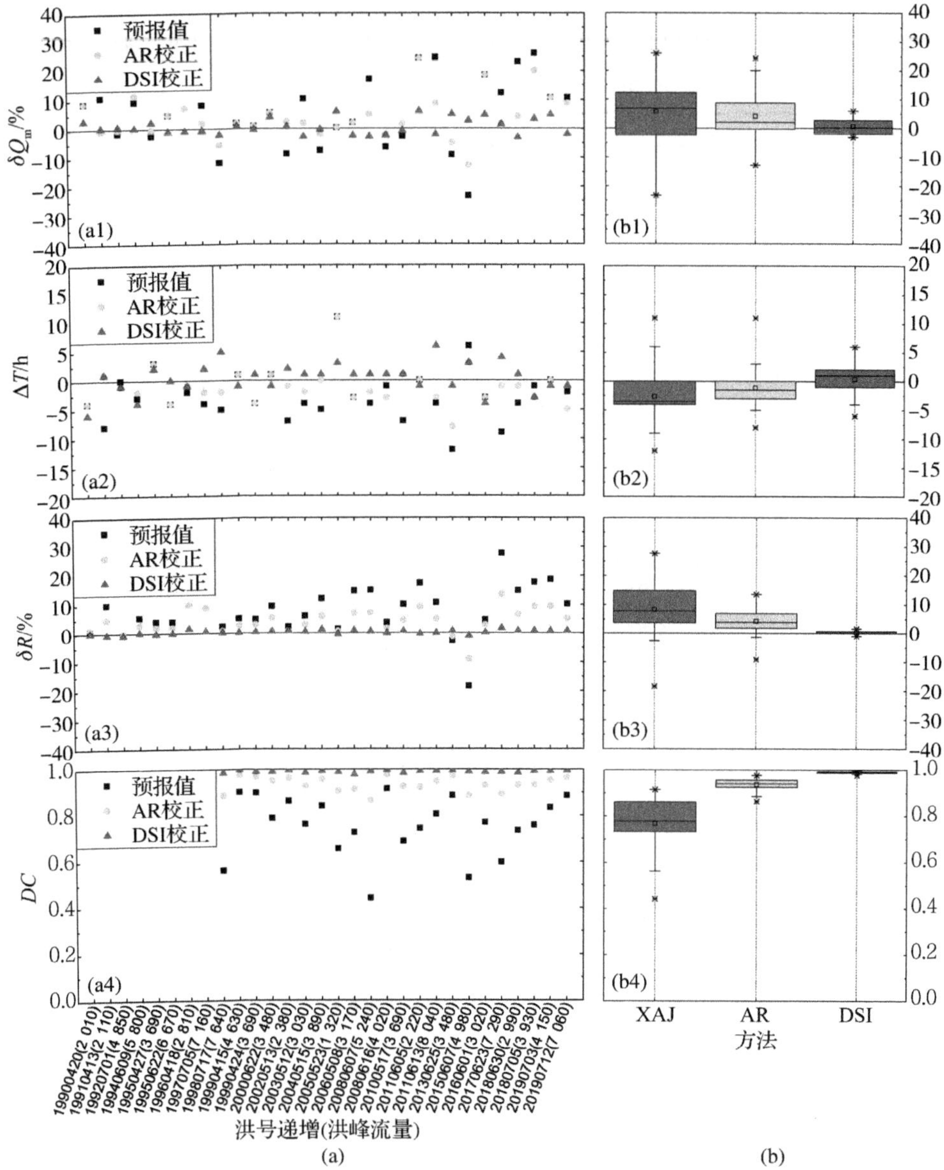


**图 4.14 动力系统反演校正按洪号递增排序的点统计结果及对比箱形图**

图 4.15 统计了将图 4.14(a)中 4 个评价指标的点统计结果按洪峰流量递增顺序重新排列的点统计结果。根据图中排序结果，将这 30 场次洪事件分为 3 个等级：前 10 场代表小洪水，中间 10 场代表中等洪水，后 10 场代表大洪水。

从图 4.15 中可以看出：前 10 场小洪水和后 10 场大洪水的预报校正精度相差不大，即洪水发生的时间和洪水量级的大小对 DSI 方法的校正效果影响相差不大；相对来说，大洪水和小洪水的预报精度比较低，但是经过校正，能提升到一定精度。由此可见，DSI 方法对各时期发生的各种类型、各种量级的洪水进行预报误差修正，均能极大地提升洪水预报精度。

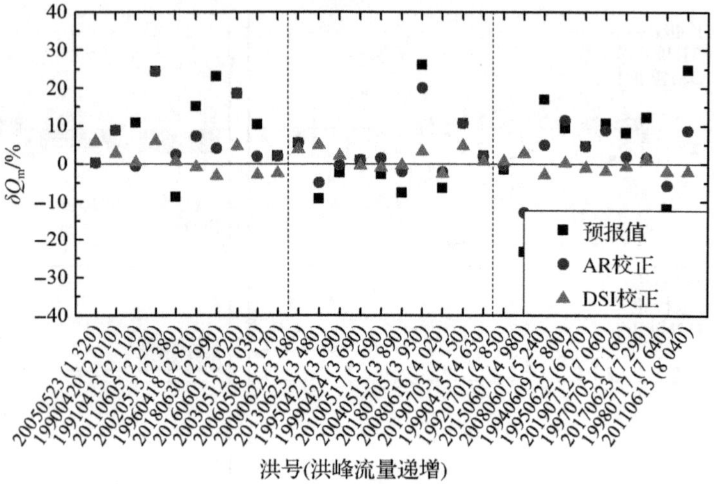


(a)

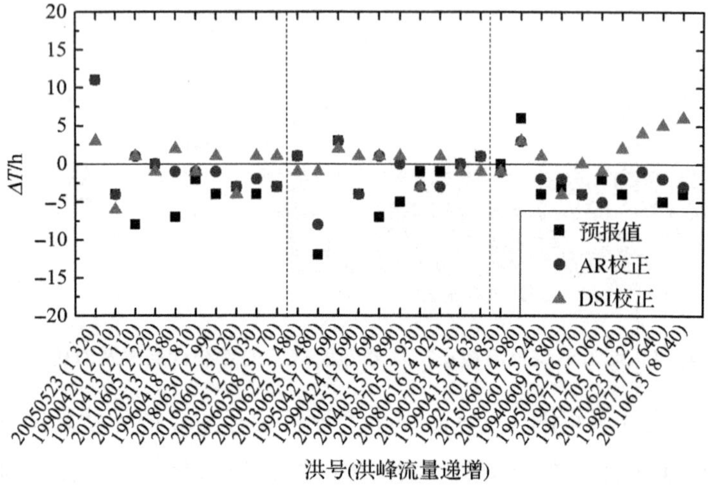


(b)

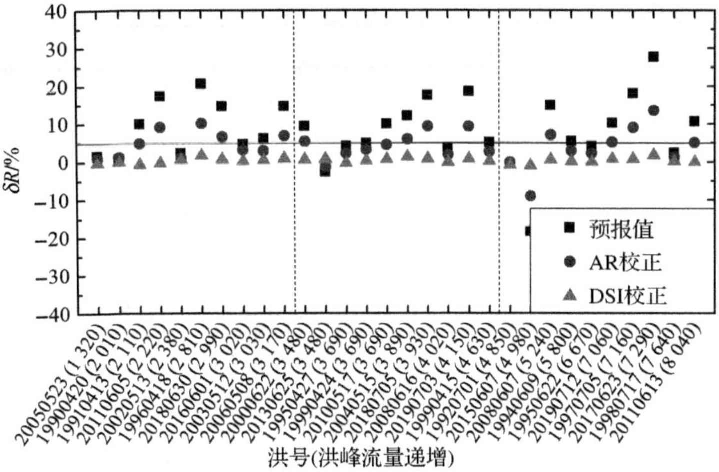


(c)

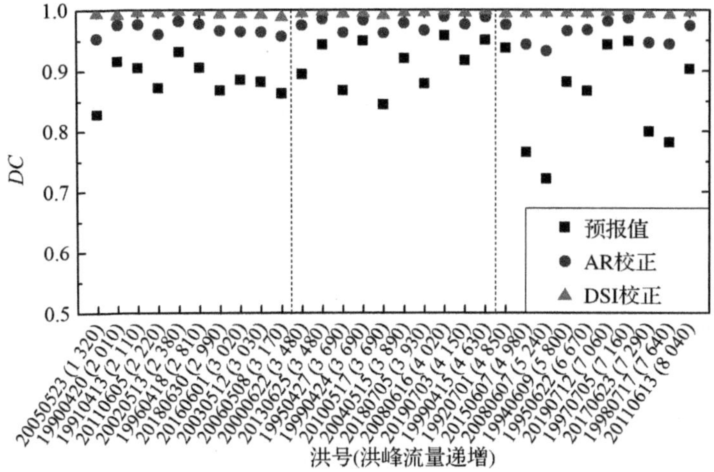


(d)

**图 4.15　动力系统反演校正按洪峰流量递增排序的点统计结果**

表 4.5 统计了图 4.15 中 4 个指标的合格率。从表 4.5 中可以看出：经 AR 和 DSI 方法分别校正，原始洪水预报的 4 个指标的合格率都得到了提高，且 DSI 方法提高得比 AR 方法多；特别地，经 DSI 方法校正，洪峰流量相对误差 $\delta Q_m$、径流深相对误差 $\delta R$ 和确定性系数 $DC$ 指标的合格率均达到了 100%，即全部次洪预报的精度均合格，在允许误差范围内；经 DSI 方法校正的峰现时间绝对误差 $\Delta T$ 也从 30%提升至 70%，提升明显。由此可推断：随着划分的河段数目的增加(如虎山站以上河道由单段/1 段划分成 3 段)，断面和区间资料信息增多，

误差反演措施所带来的误差修正作用增强。相当于每增加一个水文测站，河道上就增加一个误差“传感器”，河道划分越精细，“传感器”越多，即水文测站越多。虎山站以上河道共设有 4 个水文站(汪口站、三都站、香屯站和虎山站)，每个充当“传感器”的水文站可以及时地发现误差在什么地方什么时刻出现、误差有多大。DSI 校正方法就能据此对每一个水文站的预报结果进行误差修正，降低上游断面的预报不确定性，减弱对出口断面的影响，最终提高预报精度。

**表 4.5 动力系统反演校正的合格率统计结果**

| 预报校正方法 | 合格率/% | | | |
|---|---|---|---|---|
| | $\|\delta Q_m\|<20\%$ | $\|\Delta T\|<3$ h | $\|\delta R\|<20\%$ | $DC>0.9$ |
| XAJ | 83.3 | 30.0 | 93.3 | 46.7 |
| AR | 93.3 | 56.7 | 100 | 100 |
| DSI | 100 | 70.0 | 100 | 100 |

图 4.16 展示了 3 种模型 4 个指标绝对值($|\delta Q_m|$、$|\Delta T|$、$|\delta R|$和$|DC|$)的 1∶1 线图。从图中可以看出：相比于图 4.16(a1)、(a2)、(a3)和(a4)，图 4.16(b1)、(b2)、(b3)和(b4)中落在 1∶1 线附近的点更多，且过分偏离的点变少了。由此可推断：DSI 方法提升了原始洪水预报的精度，也进一步提高了长河段河道洪水演进的实时校正能力。

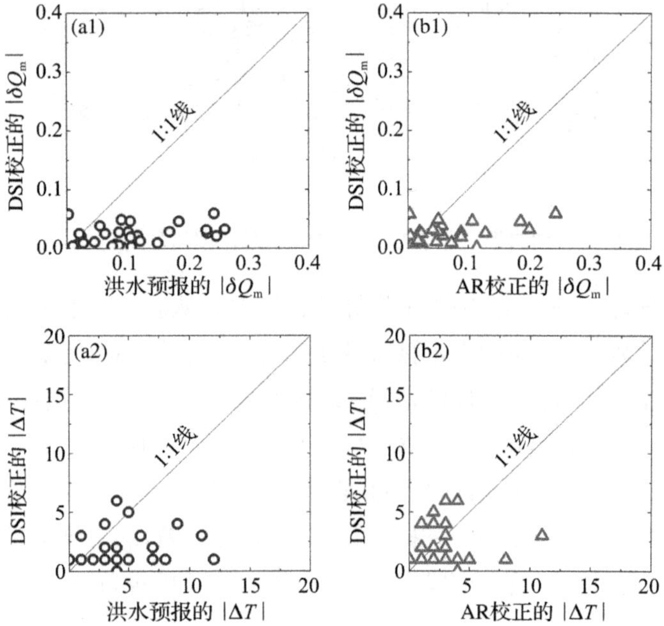

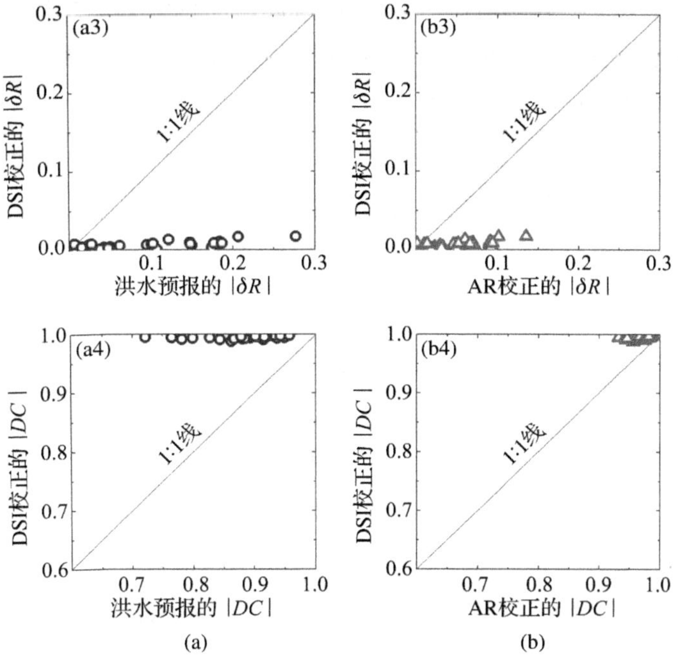


**图 4.16　动力系统反演校正精度评价指标的 1∶1 线图**

图 4.17 展示了 3 种模型 4 个归一化指标（$|\delta Q_m|^*$、$|\Delta T|^*$、$|\delta R|^*$ 和 $|DC|^*$）的雷达图。从图 4.17 中可以看出：经过 AR 和 DSI 方法分别校正，雷达图坐标轴上洪水预报的 4 个归一化指标值都提高了。其中，$|\delta Q_m|^*$ 指标值从原始预报的 0.60 提高至 AR 校正后的 0.77 和 DSI 校正后的 0.92，$|\Delta T|^*$ 指标值从原始预报的 0.66 提高至 AR 校正后的 0.79 和 DSI 校正后的 0.83，$|\delta R|^*$ 指标值从原始预报的 0.65 提高至 AR 校正后的 0.82 和 DSI 校正后的 0.98，$|DC|^*$ 指标值从原始预报的 0.59 提高至 AR 校正后的 0.89 和 DSI 校正后的 0.99。相较而言，DSI 比 AR 方法对每个指标值的提升都更多。特别地，经 DSI 方法校正的 $|\delta R|^*$ 和 $|DC|^*$ 指标，几

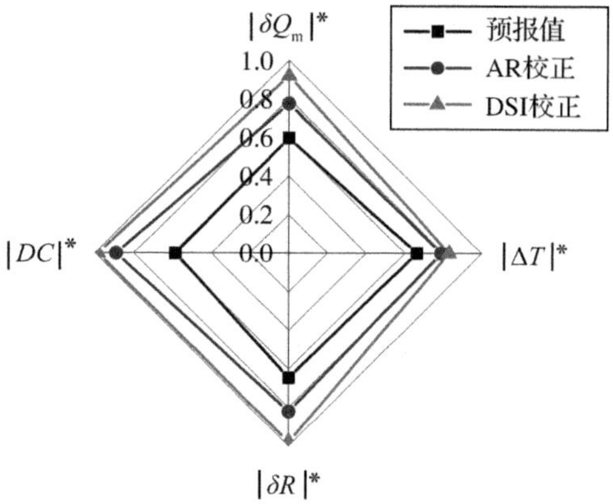


**图 4.17　动力系统反演校正结果雷达图**

乎接近 1;经 DSI 方法校正的 4 个归一化指标值围成的雷达图面积比经 AR 方法校正的雷达图面积大,全面提升了洪水预报精度。由此发现:DSI 和 AR 两种校正方法对洪峰流量的误差修正能力相当,但多河段同时校正的 DSI 方法对洪量和整个洪水过程的误差修正能力更为突出。分析其原因,是由于 DSI 校正方法充分考虑了各河段和区间误差,能及时并准确地调整整个河道汇流过程,因此不仅能精准预报出口断面处的洪峰流量,还能完整还原整个洪水过程的非峰值特征。

根据场次洪水的洪峰大小,将 30 场洪水事件划分为大、中、小 3 种等级。在 3 种等级的场次洪水中分别挑选出 1 场作为代表。另外,选取 1 场复峰洪水也作为典型洪水事件进行分析。图 4.18 展示了这 4 场洪水事件的预报与校正结果,其中,图 4.18(a)是 20020513 号小洪水,图 4.18(b)是 20180705 号中等洪水,图 4.18(c)是 20190712 号大洪水,图 4.18(d)是 19980717 号复峰洪水。结果表明:DSI 校正与 AR 校正的洪水过程线都比原始预报的洪水过程线更接近实际观测的洪水过程线,即 DSI 与 AR 方法都具有一定的实时校正能力;相较而言,DSI 校正的洪水过程线与实测洪水过程线最为接近,即 DSI 比 AR 方法能进一步提升洪水演进的精度;DSI 方法对洪峰流量和洪水过程的校正,效果均很理想,综合表现最佳,有助于在应用中精准捕捉洪水峰值,准确模拟洪水过程线,进一步降低洪水风险;DSI 方法对单峰洪水和复峰洪水、大中小型洪水的预报误差的校正效果相当,即 DSI 校正后的洪水过程比 AR 校正后的更为稳定,不容易出现波动。结果在一定程度上说明:本书提出的 DSI 校正方法,将各河段洪水预报误差演算并进行误差联合校正的做法更为合理,可进一步提高流域出口断面的洪水预报精度。

除了这 4 场洪水事件,其他的洪水事件的预报校正结果也表明,DSI 方法对于洪峰流量和洪水过程都是一种理想的误差校正方法,且 DSI 方法在所有的洪水场次事件中校正效果稳定。由此可见,DSI 校正方法具有先进性,相比于传统的单河段校正方法,该方法能够考虑长河段多断面的多源误差,有机地将多个河段联合起来,同时校正上下游所有断面的预报误差,有效地提高了全流域洪水预报精度。

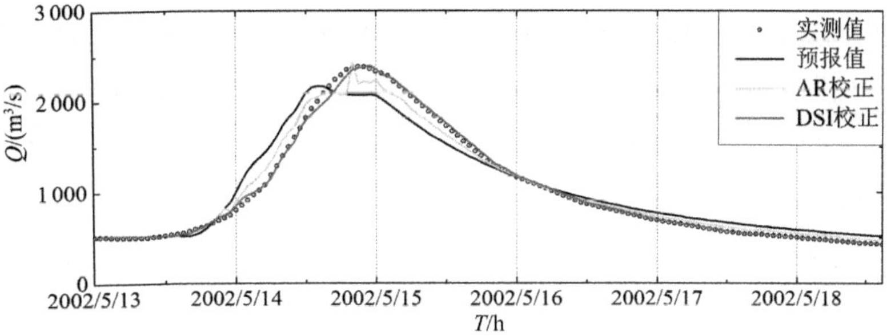


(a) 洪号 20020513

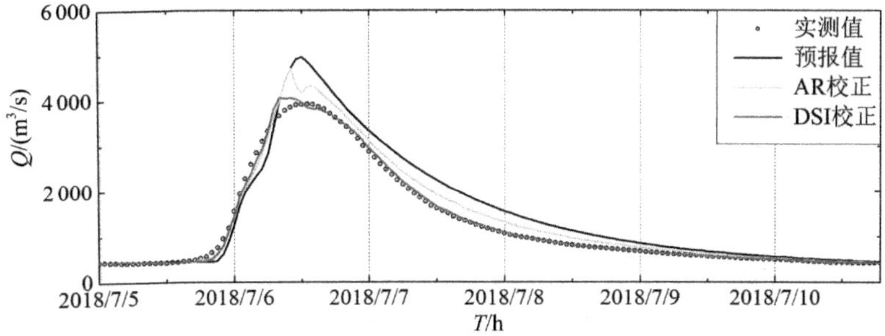


(b) 洪号 20180705

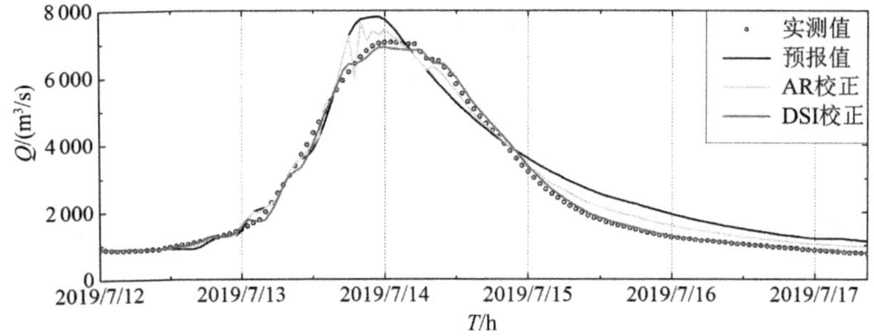


(c) 洪号 20190712

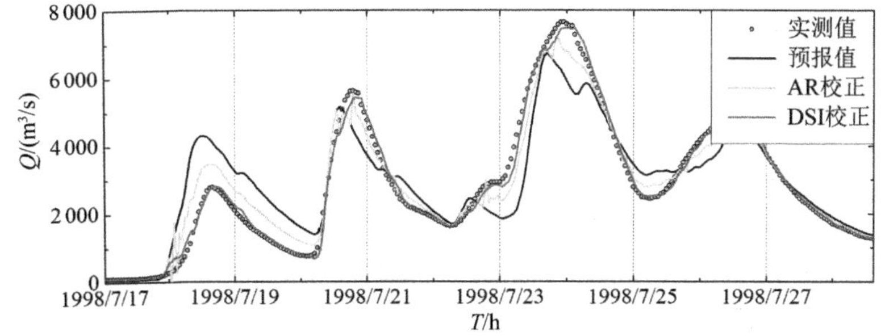


(d) 洪号 19980717

**图 4.18　动力系统反演校正的典型次洪结果**

运用 DSI 方法没有预见期的限制。但一般来说，实时校正技术的校正能力会随着预见期的增长而下降。因此，为了全面评估 DSI 方法的校正能力，在以上研究的基础上，还需额外对预见期进行分析研究，即分析随着预见期的增长，DSI 方法校正能力的变化。

由于虎山流域 30 场次洪的平均汇流时间约为 12.2 h，所以本次研究测试 1～12 h 的预见期，足够提前进行洪水预报预警。本次研究在预见期 $L=\Delta t \sim 12\Delta t$（每个时间间隔 $\Delta t=1$ h）的情况下，试验了 DSI 和 AR 两种校正方法。

图 4.19 统计了 2 种校正方法的 4 个指标绝对值（$|\delta Q_m|$、$|\Delta T|$、$|\delta R|$ 和 $|DC|$）的结果。从图中可以明显地看出：当预见期 $L$ 为 1 个时间间隔（即 $L=\Delta t=1$ h），2 种方法的 4 个评价指标都是最优的（当 $L=\Delta t$ 时的详细预报校正结果都已经在前面展示和分析了）；当预见期 $L$ 从 $\Delta t$ 增加至 $12\Delta t$，2 种方法的 4 个评价指标整体都逐渐变差；但无论预见期 $L$ 为几个时间间隔，DSI 校正方法的评价指标始终优于 AR 校正方法的评价指标。具体来看，如图 4.19(a)所示，经 DSI 方法校正的 $|\delta Q_m|$ 指标缓慢地从 2.31%增加至 18.56%，经 AR 方法校正的 $|\delta Q_m|$ 指标从 6.05%增加至 13.47%，降到 12.03%后又快速地增长至 58.03%；如图 4.19(b)所示，经 DSI 方法校正的 $|\Delta T|$ 指标缓慢地从 2 h 增加至 4 h，经 AR 方法校正的 $|\Delta T|$ 指标快速地从 3 h 增加至 9 h；如图 4.19(c)所示，经 DSI 方法校正的 $|\delta R|$ 指标缓慢地从 0.59%增加至 1.05%，经 AR 方法校正的 $|\delta R|$ 指标快速地从 4.96%增加至 6.09%；如图 4.19(d)所示，经 DSI 方法校正的 $|DC|$ 指标从 0.97 逐渐降低至 0.86，经 AR 方法校正的 $|DC|$ 指标从 0.95 逐渐降低至 0.46。

从以上结果至少可以得出四方面结论：① 在所有预见期的校正结果中，预见期为一个时间间隔（即 $L=\Delta t$）时，DSI 方法的校正效果较好，虽然校正后的流量与实测流量之间仍存在一定的残差，但这是不可避免的；② 在任何预见期下，DSI 方法的校正残差均小于 AR 方法，即 DSI 方法的校正能力优于传统的 AR 方法；③ 当预见期增加到 $8\Delta t$ 时，AR 方法不再能提升原始洪水预报精度，当预见期增加到 $9\Delta t$ 时，DSI 和 AR 方法都不能提升洪水预报精度，所以预见期是限制洪水预报精度提升的一个主要因素；④ 随着预见期的增长，DSI 方法的校正能力下降速度比 AR 方法慢，即 DSI 方法受到预见期的影响比 AR 方法小，表现出更强的鲁棒性。

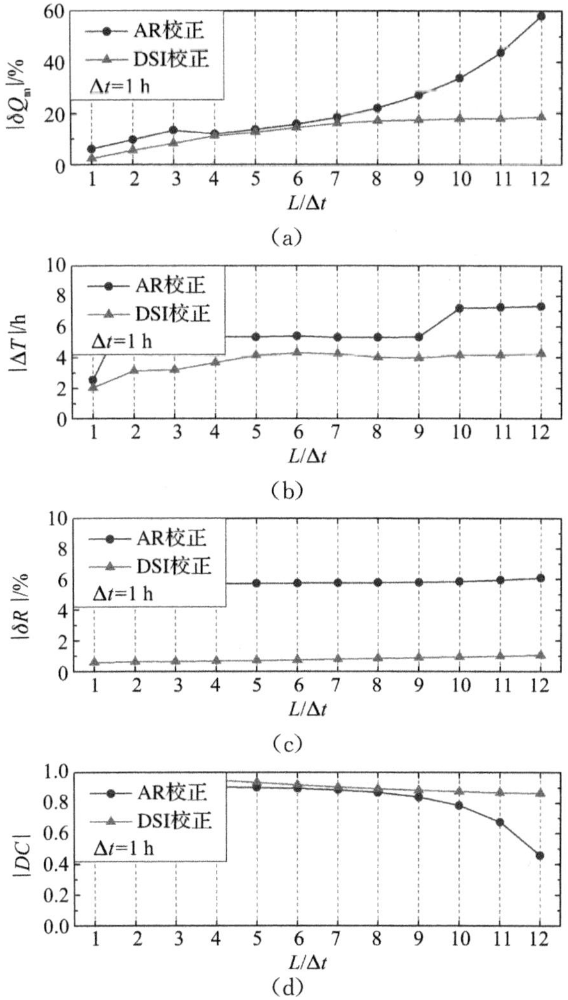


图 4.19　动力系统反演校正随预见期增长的统计结果

### 4.3.3　校正方法比较分析

将两种全流域洪水预报误差同时校正方法（3D-DSRC 与 DSI 校正方法）进行对比研究。从虎山站以上流域 1990—2019 年间的雨洪资料中，共选取 8 场次洪进行 3D-DSRC 和 DSI 方法预报校正，具体洪号见表 4.6。

表 4.6　虎山站以上流域预报校正方法对比按洪号递增排序的场次洪水基本情况

| 序号 | 洪号 | 洪峰流量/($m^3$/s) | 序号 | 洪号 | 洪峰流量/($m^3$/s) |
|---|---|---|---|---|---|
| 1 | 19900420 | 2 010 | 5 | 20110605 | 2 220 |

**续表**

| 序号 | 洪号 | 洪峰流量/($m^3/s$) | 序号 | 洪号 | 洪峰流量/($m^3/s$) |
|---|---|---|---|---|---|
| 2 | 20040515 | 3 890 | 6 | 20170623 | 7 290 |
| 3 | 20050523 | 1 320 | 7 | 20180630 | 2 990 |
| 4 | 20100517 | 3 690 | 8 | 20190703 | 4 150 |

图 4.20 统计了基于 4 个评价指标评估的 3 种预报校正方法的共 8 场次洪，按洪号递增顺序排列的结果。从图 4.20(a)中可以看出：原始洪水预报的 $\delta Q_m$ 范围为−20.6%～32.9%，中位数为−5.1%；经 3D-DSRC 方法校正后，$\delta Q_m$ 范围为−1.9%～3.7%，中位数为 1.2%；经 DSI 方法校正后，$\delta Q_m$ 范围为−1.1%～11.8%，中位数为 2.7%。从图 4.20(b)中可以看出，原始洪水预报的 $\Delta T$ 范围为−3～4 h，中位数为−1 h；经 3D-DSRC 方法校正后，$\Delta T$ 范围变为−3～4 h，中位数为−1 h；经 DSI 方法校正后，$\Delta T$ 范围变为−5～4 h，中位数为−1 h。从图 4.20(c)中可以看出，原始洪水预报的 $\delta R$ 范围为−6.4%～14.0%，中位数为 6.7%；经 3D-DSRC 方法校正后，$\delta R$ 范围缩小至−6.2%～7.4%，中位数为−1.2%；经 DSI 方法校正后，$\delta R$ 范围缩小至−1.4%～1.4%，中位数为 0.4%。从图 4.20(d)中可以看出，原始洪水预报的 $DC$ 范围为 0.61～0.94，中位数为 0.86；经 3D-DSRC 方法校正后，$DC$ 范围提高至 0.91～0.99，中位数为 0.96；经 DSI 方法校正后，$DC$ 范围提高至 0.96～0.98，中位数为 0.97。由此可得：整体上，3D-DSRC 与 DSI 方法的校正能力相差不大，均能较大地降低洪水预报误差，具有较强的实时校正的能力；相对来说，3D-DSRC 方法对洪峰流量的校正优于 DSI 方法，而 DSI 方法对洪量的校正优于 3D-DSRC 方法。

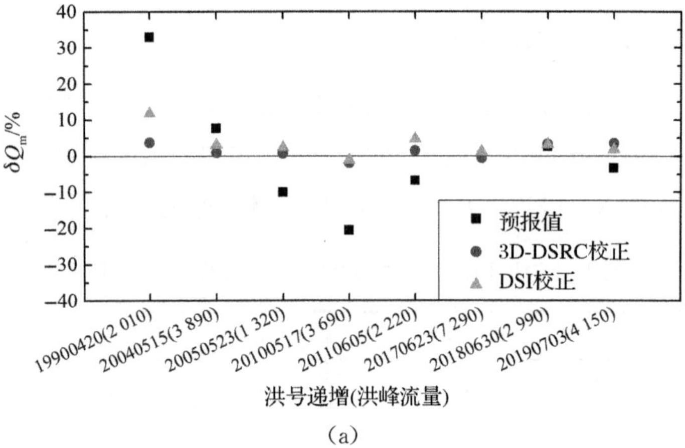


(a)

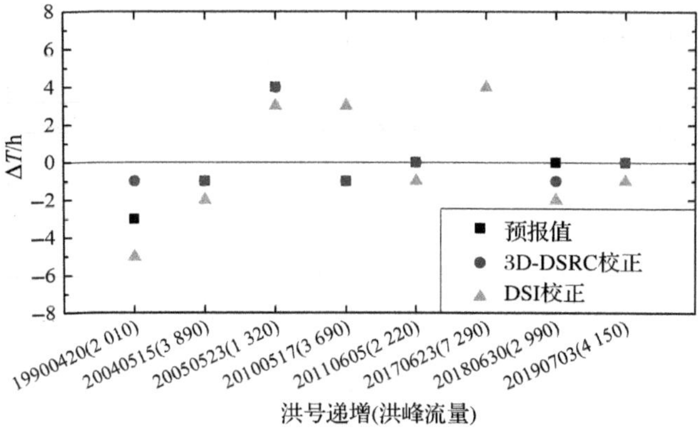


(b)

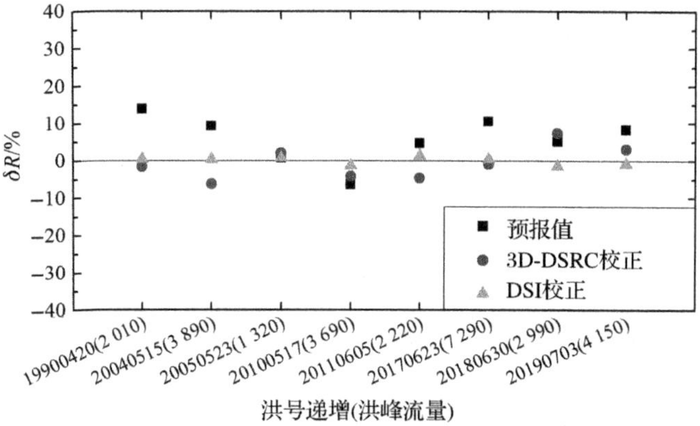


(c)

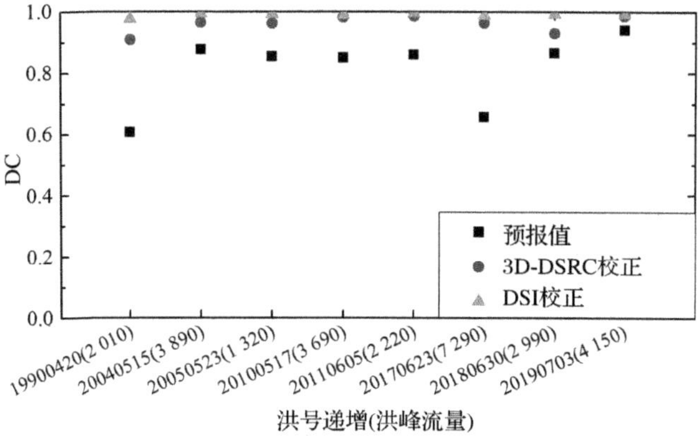


(d)

**图 4.20　虎山站以上流域预报校正方法对比按洪号递增排序的点统计结果**

图 4.21 展示了这 8 场洪水事件(见表 4.6)的预报与校正结果。结果表明：3D-DSRC 与 DSI 方法的误差校正结果相差不大,对洪峰、洪量以及洪水过程的校正各具优势,均能有效地提升全流域洪水预报精度。

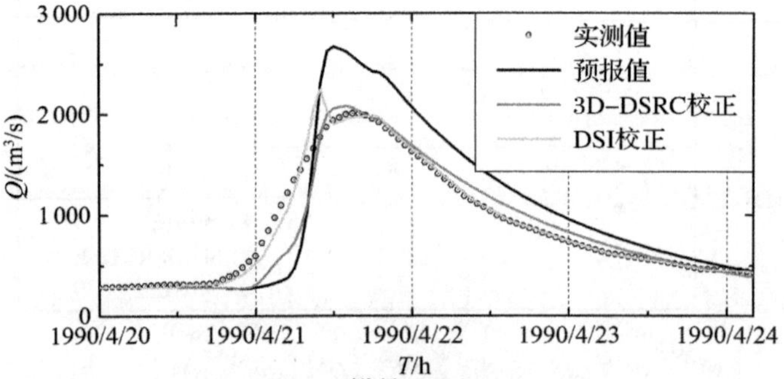

(a) 洪号19900420

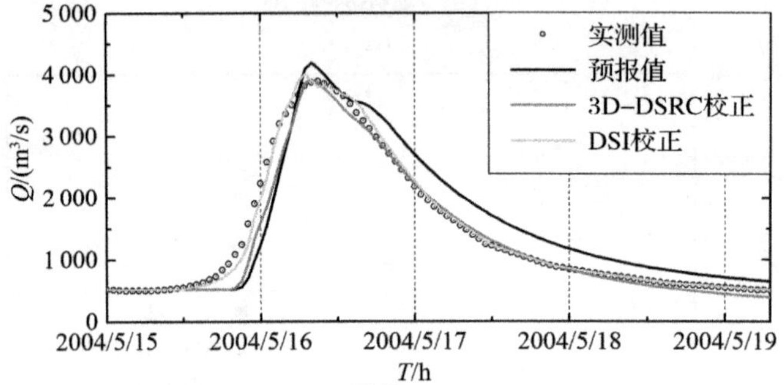

(b) 洪号20040515

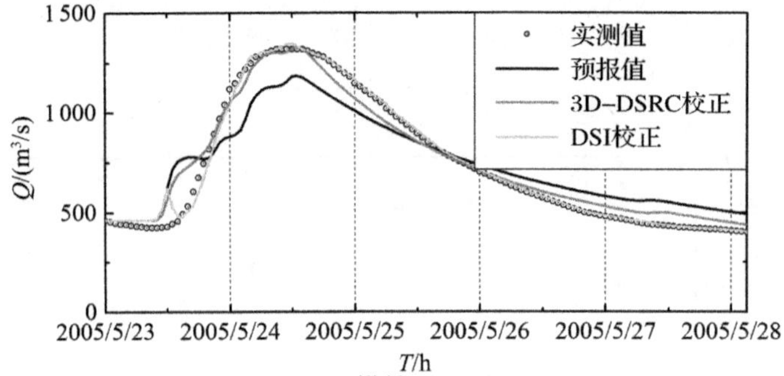

(c) 洪号20050523

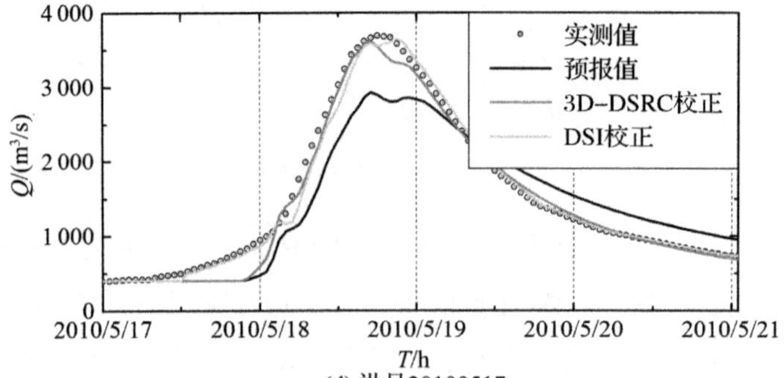

(d) 洪号20100517

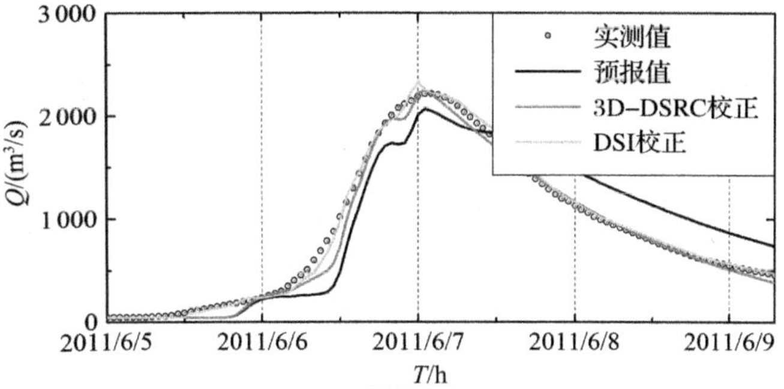


(e) 洪号20110605

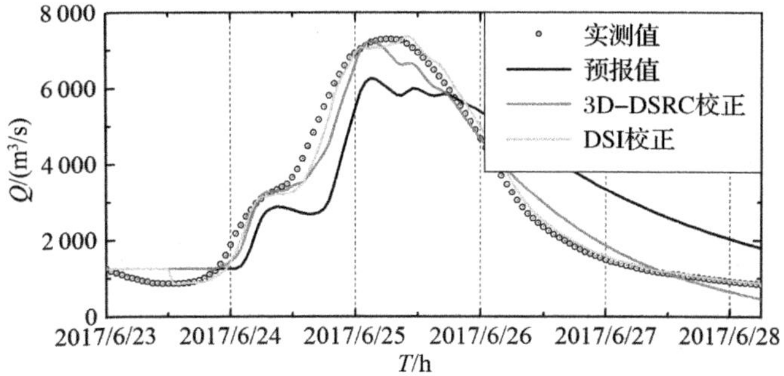


(f) 洪号20170623

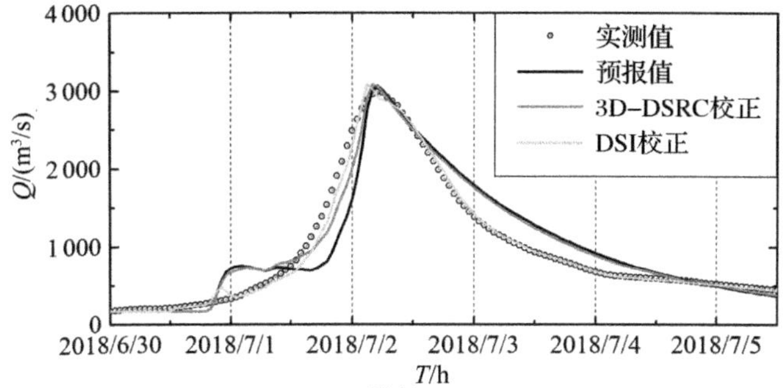


(g) 洪号20180630

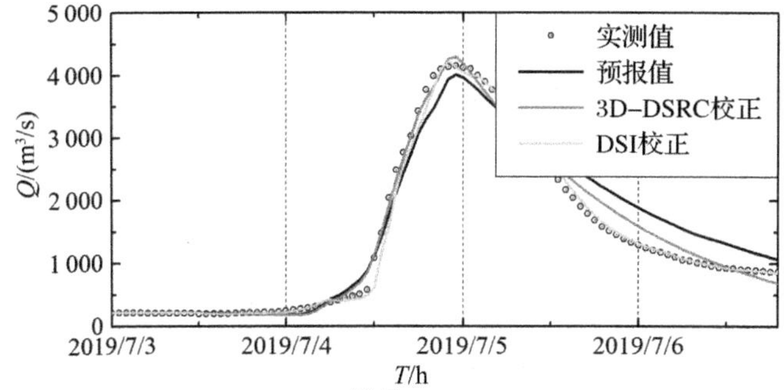


(h) 洪号20190703

**图 4.21　虎山站以上流域预报校正方法对比的典型次洪结果**

## 4.4 小结

本章提出了两种全流域洪水预报误差同时校正的新方法：三维动态系统响应曲线校正方法(3D-DSRC)和动力系统反演校正方法(DSI)。

(1) 3D-DSRC校正方法基于系统响应理论和流域分单元理论，对全流域时间、空间、变量三个维度上的洪水预报误差进行同时校正，全面降低各过程各变量误差，最终降低终端总误差。相比于单一维度的校正方法，3D-DSRC校正方法的概念更符合实际水文过程中误差的来源及分布，更具先进性。在饶河流域的应用结果表明，3D-DSRC方法对不同年代发生的、不同单复峰类型的、不同大小的场次洪水均能取得稳定有效的校正效果，显著提升了洪峰、洪量以及整个洪水过程的实时洪水预报精度；整体上，洪峰流量相对误差降低了5.2%，径流深相对误差降低了4.0%，确定性系数提高了0.10；相较于已有的校正方法，经DSRC方法校正的确定性系数提高了0.05，经MSE-DSRC方法校正的确定性系数提高了0.08，经3D-DSRC方法校正的确定性系数提高得最多(比DSRC方法多提高了0.05，比MSE-DSRC方法多提高了0.02)，校正的精度和合格率皆表现最优。

(2) DSI校正方法将马斯京根法矩阵方程和动力系统反演方程相结合，精细化描述全流域各区间及各断面的洪水预报误差，自适应地更新调整方程的阶数及参数，考虑复杂河系中各断面在空间上的水力联系和预报误差在时程上的传递规律，充分利用上游多断面实测和校正信息对下游预报断面的预报误差进行校正，最终降低全流域洪水预报误差。相比于单河段校正的AR模型，多河段联合校正的DSI方法物理意义明确，校正能力更优，能保证整个洪水过程的预报精度。在饶河流域的应用结果表明，DSI方法对不同预见期的不同大小的场次洪水，均能取得稳定的校正效果，显著提升了洪峰、洪量以及洪水过程的实时洪水预报精度；整体上，洪峰流量相对误差降低了6.7%，径流深相对误差降低了7.3%，确定性系数提高了0.10；相较于经AR模型校正的确定性系数提高了0.08，经DSI方法校正的确定性系数提高得更多，多提高了0.02，校正的精度和合格率皆表现更优。

（3）3D-DSRC 和 DSI 校正方法的比较研究结果表明，两种全流域洪水预报误差同时校正方法均能较大地降低全流域洪水预报误差。经 3D-DSRC 方法校正，洪峰流量相对误差降低了 3.9%，径流深相对误差降低了 5.5%，确定性系数提高了 0.10；经 DSI 方法校正，洪峰流量相对误差降低了 2.4%，径流深相对误差降低了 6.3%，确定性系数提高了 0.11。由此可见，两种新方法的校正能力相差不大，确定性系数均提高了约 0.1。相较而言，3D-DSRC 方法对洪峰流量的校正效果更优，DSI 方法对洪量的校正效果更优。

（4）3D-DSRC 和 DSI 校正方法各具优势，也存在各自的技术难点。3D-DSRC 校正方法对时间-空间-变量的预报误差进行同时校正，导致建立的动态系统响应矩阵维度高且体量庞大，给洪水预报全过程误差同时校正的稳定求解计算带来一定的困难，也影响计算效率，需进一步深入研究书中采用的混合正则化 LSQR 算法；本次 DSI 校正方法在饶河流域构建的洪水预报误差反演方程属于三元三次非线性模型，对其他流域未必适合，但该方法具有普适性，可根据应用流域的实际误差传递规律进行优化调整，以获得更好的校正效果；此外，3D-DSRC 和 DSI 校正方法也都受限于洪水预报能力和误差多时段外延效果，需进一步拓展研究。

# 参考文献

[1] 陈志恺. 中国水利百科全书水文与水资源分册[M]. 北京：中国水利水电出版社，2004.
[2] 徐乾清. 对中国防洪减灾问题的基本认识和建立具有中国特色的防洪减灾体系的初步设想[J]. 水文，2003,23(2)：1－7.
[3] 张建云，王银堂，贺瑞敏，等. 中国城市洪涝问题及成因分析[J]. 水科学进展，2016，27(4)：485－491.
[4] 赵人俊. 流域水文模拟:新安江模型与陕北模型[M]. 北京：水利电力出版社，1984.
[5] 叶守泽，夏军. 水文系统识别:原理与方法[M]. 北京：水利电力出版社，1989.
[6] 郭生练，熊立华，杨井，等. 基于DEM的分布式流域水文物理模型[J]. 武汉水利电力大学学报，2000，33(6)：1－5.
[7] 杨大文，李翀，倪广恒，等. 分布式水文模型在黄河流域的应用[J]. 地理学报，2004,59(1)：143－154.
[8] 吴险峰，刘昌明. 流域水文模型研究的若干进展[J]. 地理科学进展，2002，21(4)：341－348.
[9] 张建云. 中国水文预报技术发展的回顾与思考[J]. 水科学进展，2010，21(4)：435－443.
[10] 万新宇，王光谦. 近60年中国典型洪水灾害与防洪减灾对策[J]. 人民黄河，2011,33(8)：1－4.
[11] Chen L，Singh V P，Lu W W，et al. Streamflow forecast uncertainty evolution and its effect on real-time reservoir operation[J]. Journal of Hydrology，2016，540：712－726.
[12] Brisset E，Guiter F，Miramont C，et al. The overlooked human influence in historic and prehistoric floods in the European Alps[J]. Geology，2017，45(4)：347－350.
[13] Moore R J，Bell V A，Jones D A. Forecasting for flood warning[J]. Comptes Rendus Géosciences，2005，337(1/2)：203－217.
[14] Ocio D，Vine N L，Westerberg I，et al. The role of rating curve uncertainty in real-time flood forecasting[J]. Water Resources Research，

2017，53(5)：4197－4213.

[15] Chen C S，Jhong Y P，Wu W Z，et al. Fuzzy time series for real-time flood forecasting [J]. Stochastic Environmental Research and Risk Assessment，2019，33(3)：645－656.

[16] Liang Z，Hu Y，Wang J. Application of stochastic differential equation to reservoir routing with probabilistic inflow forecasting and flood control risk analysis[J]. EGU General Assembly，2012，14:401.

[17] Fang S F，Xu L D，Pei H，et al. An integrated approach to snowmelt flood forecasting in water resource management[J]. IEEE Transactions on Industrial Informatics，2014，10(1)：548－558.

[18] Liu P，Li L P，Guo S L，et al. Optimal design of seasonal flood limited water levels and its application for the Three Gorges Reservoir [J]. Journal of Hydrology，2015，527：1045－1053.

[19] Guo S L，Zhang H G，Chen H，et al. A reservoir flood forecasting and control system for China[J]. Hydrological Sciences Journal，2004，49(6)：959－972.

[20] Li X，Guo S L，Liu P，et al. Dynamic control of flood limited water level for reservoir operation by considering inflow uncertainty[J]. Journal of Hydrology，2010，391(1/2)：124－132.

[21] 冯平，徐向广，温天福，等. 考虑洪水预报误差的水库防洪控制调度的风险分析[J]. 水力发电学报，2009，28(3)：47－51.

[22] 夏军，石卫，张利平，等. 气候变化对防洪安全影响研究面临的机遇与挑战[J]. 四川大学学报(工程科学版)，2016,48(2):7－13.

[23] Jiang X L，Gupta H V，Liang Z M，et al. Toward improved probabilistic predictions for flood forecasts generated using deterministic models[J]. Water Resources Research，2019，55(11)：9519－9543.

[24] Bogner K，Pappenberger F. Multiscale error analysis，correction，and predictive uncertainty estimation in a flood forecasting system[J]. Water Resources Research，2011，47(7)：W7524.

[25] Hapuarachchi H A P，Wang Q J，Pagano T C. A review of advances in flash

flood forecasting[J]. Hydrological Processes, 2011, 25(18): 2771-2784.

[26] Jain S K, Mani P, Jain S K, et al. A brief review of flood forecasting techniques and their applications[J]. International Journal of River Basin Management, 2018, 16(3): 329-344.

[27] Li K, Kan G Y, Ding L Q, et al. A novel flood forecasting method based on initial state variable correction[J]. Water, 2018, 10(1): 12.

[28] Seo D J, Cajina L, Corby R, et al. Automatic state updating for operational streamflow forecasting via variational data assimilation [J]. Journal of Hydrology, 2009, 367(3/4): 255-275.

[29] Sunwoo W, Choi M. Robust initial wetness condition framework of an event-based rainfall-runoffmodel using remotely sensed soil moisture[J]. Water, 2017, 9(2): 77.

[30] Gupta H V, Clark M P, Vrugt J A, et al. Towards a comprehensive assessment of model structural adequacy[J]. Water Resources Research, 2012, 48(8): W08301.

[31] Ebtehaj M, Moradkhani H, Gupta H V. Improving robustness of hydrologic parameter estimation by the use of moving block bootstrap resampling[J]. Water Resources Research, 2010, 46(7): W07515.

[32] Feyen L, Vrugt J A, Nualláin B Ó, et al. Parameter optimisation and uncertainty assessment for large-scale streamflow simulation with the LISFLOOD model[J]. Journal of Hydrology, 2007, 332(3/4): 276-289.

[33] Vrugt J A, Gupta H V, Bouten W, et al. A shuffled complex evolution metropolis algorithm for optimization and uncertainty assessment of hydrologic model parameters[J]. Water Resources Research, 2003, 39 (8): 1201.

[34] Bárdossy A, Das T. Influence of rainfall observation network on model calibration and application[J]. Hydrology and Earth System Sciences, 2008, 12(1): 77-89.

[35] Kavetski D, Kuczera G, Franks S W. Bayesian analysis of input uncertainty in hydrological modeling: 1. Theory[J]. Water Resources

Research, 2006, 42(3): W03407.

[36] Butts M B, Payne J T, Kristensen M, et al. An evaluation of the impact of model structure on hydrological modelling uncertainty for streamflow simulation[J]. Journal of Hydrology, 2004, 298(1/2/3/4): 242-266.

[37] Zhang X J, Liu P, Cheng L, et al. A back-fitting algorithm to improve real-time flood forecasting[J]. Journal of Hydrology, 2018, 562: 140-150.

[38] Emerton R E, Stephens E M, Pappenberger F, et al. Continental and global scale flood forecasting systems [J]. Wiley Interdisciplinary Reviews: Water, 2016, 3(3): 391-418.

[39] Kauffeldt A, Wetterhall F, Pappenberger F, et al. Technical review of large-scale hydrological models for implementation in operational flood forecasting schemes on continental level[J]. Environmental Modelling and Software, 2016, 75: 68-76.

[40] Hasebe M, Hino M, Hoshi K. Flood forecasting by the filter separation AR method and comparison with modeling efficiencies by some rainfall-runoff models[J]. Journal of Hydrology, 1989, 110(1/2): 107-136.

[41] Shamseldin A Y, O'Connor K M. A non-linear neural network technique for updating of river flow forecasts[J]. Hydrology and Earth System Sciences, 2001, 5(4): 577-598.

[42] Dogulu N, López P L, Solomatine D P, et al. Estimation of predictive hydrologic uncertainty using the quantile regression and UNEEC methods and their comparison on contrasting catchments[J]. Hydrology and Earth System Sciences, 2015, 19(7): 3181-3201.

[43] Wani O, Beckers J V L, Weerts A H, et al. Residual uncertainty estimation using instance-based learning with applications to hydrologic forecasting[J]. Hydrology and Earth System Sciences, 2017, 21(8): 4021-4036.

[44] Zhao C, Hong H S, Bao W M, et al. Robust recursive estimation of auto-regressive updating model parameters for real-time flood forecasting [J]. Journal of Hydrology, 2008, 349(3/4): 376-382.

[45] Liu Z J, Guo S L, Zhang H G, et al. Comparative study of three

updating procedures for real-time flood forecasting[J]. Water Resources Management, 2016, 30(7): 2111-2126.

[46] Lavers D A, Harrigan S, Andersson E, et al. A vision for improving global flood forecasting[J]. Environmental Research Letters, 2019, 14(12): 121002.

[47] Lavers D A, Ramos M H, Magnusson L, et al. A vision for hydrological prediction[J]. Atmosphere, 2020, 11(3): 237.

[48] Alfieri L, Cohen S, Galantowicz J, et al. A global network for operational flood risk reduction[J]. Environmental Science and Policy, 2018, 84: 149-158.

[49] Pagano T C, Wood A W, Ramos M H, et al. Challenges of operational river forecasting[J]. Journal of Hydrometeorology, 2014, 15(4): 1692-1707.

[50] Madsen H, Skotner C. Adaptive state updating in real-time river flow forecasting: a combined filtering and error forecasting procedure[J]. Journal of Hydrology, 2005, 308(1/2/3/4): 302-312.

[51] Mehrotra R, Sharma A. A resampling approach for correcting systematic spatiotemporal biases for multiple variables in a changing climate[J]. Water Resources Research, 2019, 55(1): 754-770.

[52] Refsgaard J C. Validation and intercomparison of different updating procedures for real-time forecasting[J]. Hydrology Research, 1997, 28(2): 65-84.

[53] Wang J, Liang Z M, Jiang X L, et al. Bayesian theory based self-adapting real-time correction model for flood forecasting[J]. Water, 2016, 8(3): 75.

[54] Chen L, Zhang Y C, Zhou J Z, et al. Real-time error correction method combined with combination flood forecasting technique for improving the accuracy of flood forecasting[J]. Journal of Hydrology, 2015, 521: 157-169.

[55] 黄一昕，王钦钊，梁忠民，等. 洪水预报实时校正技术研究进展[J]. 南水北调与水利科技(中英文)，2021，19(1)：12-35.

[56] 李致家，孙凡哲，王栋，等. 现代水文模拟与预报技术[M]. 南京：河海大学出版社，2010.

[57] 徐宗学. 水文模型：回顾与展望[J]. 北京师范大学学报(自然科学版)，2010，46(3)：278-289.

[58] 芮孝芳. 流域水文模型研究中的若干问题[J]. 水科学进展，1997,8(1)：97-101.

[59] Wheater H S，Jakeman A J，Beven K J. Progress and directions in rainfall-runoff modelling[M]. New York:John Wiley & Sons，1993.

[60] Refsgaard J C. Terminology，modelling protocol and classification of hydrological model codes[M]. Dordrecht：Springer Netherlands，1996.

[61] Dawdy D R，O'Donnell T. Mathematical models of catchment behavior [J]. Journal of the Hydraulics Division，1965，91(4)：123-137.

[62] Todini E，Wallis J. Using CLS for daily or longer period rainfall-runoff modelling[J]. Mathematical Models for Surface Water Hydrology，1977，100：149-168.

[63] Box G E P，Jenkins G M，MacGregor J F. Some recent advances in forecasting and control[J]. Journal of the Royal Statistical Society：Series C (Applied Statistics)，1974，23(2)：158-179.

[64] Carlson R F，MacCormick A J A，Watts D G. Application of linear random models to four annual streamflow series[J]. Water Resources Research，1970，6(4)：1070-1078.

[65] Kim G，Barros A P. Quantitative flood forecasting using multisensor data and neural networks[J]. Journal of Hydrology，2001，246(1-4)：45-62.

[66] Castellano-Méndez M，González-Manteiga W，Febrero-Bande M，et al. Modelling of the monthly and daily behaviour of the runoff of the Xallas Sriver using Box-Jenkins and neural networks methods[J]. Journal of Hydrology，2004，296(1)：38-58.

[67] Crawford N H，Linsley R K. Digital simulation in hydrology：stanford watershed model Ⅳ[J]. Evapotranspiration，1966：158-160.

[68] Burnash R J C. The NWS river forecast system-catchment modeling[J]. Computer Models of Watershed Hydrology, 1995: 311 - 366.
[69] Abbott M B, Bathurst J C, Cunge J A, et al. An introduction to the European hydrological system-systeme hydrologique europeen, "SHE", 2: structure of a physically-based, distributed modelling system[J]. Journal of Hydrology, 1986, 87(1/2): 61 - 77.
[70] Ewen J, Parkin G, O'Connell P E. SHETRAN: distributed river basin flow and transport modeling system [J]. Journal of Hydrologic Engineering, 2000, 5(3): 250 - 258.
[71] Wood E F, Lettenmaier D P, Zartarian V G. A land-surface hydrology parameterization with subgrid variability for general circulation models [J]. Journal of Geophysical Research: Atmospheres, 1992, 97(D3): 2717 - 2728.
[72] Liang X, Lettenmaier D P, Wood E F, et al. A simple hydrologically based model of land surface water and energy fluxes for general circulation models[J]. Journal of Geophysical Research: Atmospheres, 1994, 99(D7): 14415 - 14428.
[73] Casson D R, Werner M, Weerts A, et al. Global re-analysis datasets to improve hydrological assessment and snow water equivalent estimation in a sub-Arctic watershed[J]. Hydrology and Earth System Sciences, 2018, 22(9): 4685 - 4697.
[74] van Osnabrugge B, Uijlenhoet R, Weerts A. Contribution of potential evaporation forecasts to 10-day streamflow forecast skill for the Rhine River [J]. Hydrology and Earth System Sciences, 2019, 23(3): 1453 - 1467.
[75] 袁作新. 流域水文模型[M]. 北京:水利电力出版社，1990.
[76] 芮孝芳，蒋成煜，张金存. 流域水文模型的发展[J]. 水文，2006，26(3): 22 - 26.
[77] 阿博特，雷夫斯加德. 分布式水文模型[M]. 郝芳华，王玲，等译. 郑州:黄河水利出版社，2003.
[78] 徐宗学. 水文模型[M]. 北京: 科学出版社，2009.

[79] Freeze R A, Harlan R L. Blueprint for a physically-based, digitally-simulated hydrologic response model[J]. Journal of Hydrology, 1969, 9(3): 237-258.

[80] Singh V P, Woolhiser D A. Mathematical modeling of watershed hydrology [J]. Journal of Hydrologic Engineering, 2002, 7(4): 270-292.

[81] Kampf S K, Burges S J. A framework for classifying and comparing distributed hillslope and catchment hydrologic models [J]. Water Resources Research, 2007, 43(5): W05423.

[82] Smith M, Koren V, Zhang Z Y, et al. The distributed model intercomparison project-Phase 2: experiment design and summary results of the western basin experiments[J]. Journal of Hydrology, 2013, 507: 300-329.

[83] Beven K J. A Discussion of Distributed Hydrological Modelling[M]// Abbott M B, Refsgaard J C. Distributed hydrological modelling. Dordrecht: Springer Netherlands, 1996: 255-278.

[84] Beven K. How far can we go in distributed hydrologicalmodelling? [J]. Hydrology & Earth System Sciences, 2001, 5(1): 1-12.

[85] Beven K. Advice to a young hydrologist[J]. Hydrological Processes, 2016, 30(20): 3578-3582.

[86] Mahmood K. Unsteady flow in open channels[J]. Marine Pollution Bulletin, 1976, 7(2): 40.

[87] Ponce V M, Changanti P V. Variable-parameter muskingum-cunge method revisited[J]. Journal of Hydrology, 1994, 162(3/4): 433-439.

[88] Mccarthy G. Unit hydrograph and flood routing[C]//Conference of North Atlantic Division, 1939.

[89] 王家彪，雷晓辉，廖卫红，等. 马斯京根模型改进新思路[J]. 南水北调与水利科技，2016，14(2):87-92,37.

[90] 朱华. 马斯京根法的矩阵方程求解法[J]. 水文，1987,7(4): 7-9.

[91] 何蒙. 河道洪水演算方法的应用研究[D]. 南京:河海大学，2020.

[92] 李百川. 小流域河道洪水演进计算研究:山西古县东庄小流域洪水预报研究[D]. 郑州:华北水利水电大学，2017.

[93] 梁忠民，戴荣，李彬权．基于贝叶斯理论的水文不确定性分析研究进展[J]．水科学进展，2010，21(2)：274－281.

[94] 毛学工，安波，蹇德平，等．雅砻江流域梯级电站水情自动测报系统[M]．北京：中国水利水电出版社，2012.

[95] 裴哲义．水电厂水情自动测报系统和电网水调自动化系统发展回顾与展望[J]．水电自动化与大坝监测，2005(3)：1－4，15.

[96] 中华人民共和国水利部．水文站网规划技术导则：SL 34—2013[S]．北京：中国水利水电出版社，2013.

[97] 杨小柳，王艺臻．水文模型的不确定性和异因同果性：认知的回顾[J]．水利学报，2018，49(1)：136－143.

[98] 李向阳．水文模型参数优选及不确定性分析方法研究[D]．大连：大连理工大学，2006.

[99] 司伟，包为民，瞿思敏．误差平方和目标函数在参数率定过程中遇到的问题[J]．水电能源科学，2013，31(8)：19－21.

[100] 李金城，常学秀，高伟．目标函数权重对 PEST-HSPF 水文率定的影响研究[J]．水文，2017，37(6)：9－14.

[101] 国家质量监督检验检疫总局，中国国家标准化管理委员会．水文情报预报规范：GB/T 22482—2008[S]．北京：中国标准出版社，2009.

[102] 李匡．基于状态变量初值修正的洪水预报方法研究[D]．北京：中国水利水电科学研究院，2019.

[103] 徐立中，张振，严锡君，等．非接触式明渠水流监测技术的发展现状[J]．水利信息化，2013(3)：37－44，50.

[104] Kalman R E. A new approach to linear filtering and prediction problems [J]. Journal of Basic Engineering，1960，82(1)：35－45.

[105] Wood E F，Szollosi-Nagy A. An adaptive algorithm for analyzing short-term structural and parameter changes in hydrologic prediction models [J]. Water Resources Research，1978，14(4)：577－581.

[106] Chiu C L. AGU chapman conference on application of Kalman filtering theory and techniques to hydrology，hydranlics，and water resources [C]. Dep. of Civ. Eng. Univ. of Pittsburgh，Pittsburgh，pa，1978.

[107] International Association of Hydrological Sciences. Hydrological forecasting proceedings, Oxford symposium [C]. Washington DC; IAHS-AISH publication 129, 1980.

[108] 覃光华，王建华，赵英林. 实时洪水预报研究综述及展望[J]. 城市道桥与防洪，1999(4)：35－39,51.

[109] 田雨，雷晓辉，蒋云钟，等. 洪水预报实时校正技术研究综述[J]. 人民黄河，2011，33(3)：25－26,28.

[110] Hino M. Runoff forecasts by linear predictive filter[J]. Journal of the Hydraulics Division, American Society of Civil Engineers, 1970, 96(3)：681－702.

[111] 葛守西. 蓄满产流模型的卡尔曼滤波算法[J]. 成都科技大学学报，1984,16(4)：69－78.

[112] Karlsson M, Yakowitz S. Nearest-neighbor methods for nonparametric rainfall-runoff forecasting[J]. Water Resources Research, 1987, 23(7)：1300－1308.

[113] 张火青. 美国交互式河流预报系统简介[J]. 人民长江，1993，24(9)：52－55.

[114] 孙桂华. 实用水文预报中反馈模拟实时校正的应用[J]. 水文，1991,11(1)：24－29.

[115] 苏志诚，宋星原. 概念性流域水文模型实时预报校正方法探讨及枫树坝水库应用实例[J]. 广东水利水电，2000(6)：41－44.

[116] Khu S T, Liong S Y, Babovic V, et al. Genetic programming and its application in real-time runoff forecasting[J]. Journal of the American Water Resources Association, 2001, 37(2)：439－451.

[117] 刘金平，张建云. 交互式洪水预报系统及关键技术研究[J]. 水文，2004，24(1):4－9.

[118] 张洪刚，郭生练，刘攀，等. 基于贝叶斯方法的实时洪水校正模型[J]. 武汉大学学报(工学版)，2005，38(1)：58－63.

[119] Duan Q Y, Ajami N K, Gao X G, et al. Multi-model ensemble hydrologic prediction using Bayesian model averaging[J]. Advances in Water Resources, 2007, 30(5)：1371－1386.

[120] 包为民，王浩，赵超，等. AR模型参数的抗差估计研究[J]. 河海大学学报(自然科学版)，2006，34(3)：258-261.
[121] 赵超，洪华生，包为民，等. 实时洪水抗差预报系统研究[J]. 水文，2008，28(2)：26-29.
[122] Komma J，Blöschl G，Reszler C. Soil moisture updating by ensemble Kalman filtering in real-time flood forecasting [J]. Journal of Hydrology，2008，357(3/4)：228-242.
[123] 杨朝晖，李兰. 新安江模型中实时校正技术的比较研究[J]. 中国农村水利水电，2008(8)：18-21.
[124] 赵锡钢，王玉成. 实时校正技术在洪水预报中的应用[J]. 东北水利水电，2008，26(6)：34-37.
[125] 李允军，李春红. 三峡上游洪水预报实时校正方法应用比较[J]. 水电自动化与大坝监测，2009，33(6)：73-76.
[126] 陈攀，姜志群. AR模型在宝珠寺水库实时洪水预报校正中的应用[J]. 水利信息化，2014(3)：41-44.
[127] 徐宁，戴军利，陈洁. 反馈模拟实时校正技术在洪水预报中的应用[J]. 治淮，2014(1)：31-32.
[128] 佘亮亮，余丽华，周华，等. 实时校正技术在周公宅水库洪水预报中的应用[J]. 浙江水利科技，2014，42(3)：93-95.
[129] 韩通，李致家，刘开磊，等. 山区小流域洪水预报实时校正研究[J]. 河海大学学报(自然科学版)，2015,43(3)：208-214.
[130] 张翼. 紫兰坝水电站洪水预报反馈模拟实时校正分析[J]. 科技创新与应用，2017(16)：24-25.
[131] 陈璐，杨振莹，周建中，等. 基于实时校正和组合预报的水文预报方法研究[J]. 中南民族大学学报(自然科学版)，2017，36(4)：73-77.
[132] 周梦，陈华，郭富强，等. 洪水预报实时校正技术比较及应用研究[J]. 中国农村水利水电，2018(7)：90-95.
[133] 孙逸群，包为民，江鹏，等. 基于无迹卡尔曼滤波的新安江模型实时校正方法[J]. 湖泊科学，2018，30(2)：488-496.
[134] 徐杰，李致家，霍文博，等. 半湿润流域洪水预报实时校正方法比较[J].

河海大学学报(自然科学版)，2019，47(4)：317－322.
[135] 李漫漫，石朋，尚艳丽，等. 基于集合卡尔曼滤波的新安江模型状态变量实时修正方法[J]. 河海大学学报(自然科学版)，2019，47(3):209－214.
[136] Sun Y, Bao W, Valk K, et al. Improving forecast skill of lowland hydrological models using ensemble Kalman filter and unscented Kalman filter[J]. Water Resources Research, 2020, 56(8): e2020WR027468.
[137] Wang J, Bao W M, Gao Q Y, et al. Coupling the Xinanjiang model and wavelet-based random forests method for improved daily streamflow simulation[J]. Journal of Hydroinformatics, 2021, 23(3): 589－604.
[138] 包为民，司伟，沈国华，等. 基于单位线反演的产流误差修正[J]. 水科学进展，2012，23(3)：317－322.
[139] 司伟，包为民，瞿思敏. 洪水预报产流误差的动态系统响应曲线修正方法[J]. 水科学进展，2013，24(4)：497－503.
[140] 刘可新，包为民，李佳佳，等. 基于系统响应理论的分水源误差修正[J]. 水电能源科学，2014，32(11)：44－47,103.
[141] 包为民，阙家骏，赖善证，等. 洪水预报自由水蓄量动态系统响应修正方法[J]. 水科学进展，2015，26(3)：365－371.
[142] Si W, Bao W M, Gupta H V. Updating real-time flood forecasts via the dynamic system response curve method[J]. Water Resources Research, 2015, 51(7): 5128－5144.
[143] 包为民，孙逸群，周俊伟，等. 基于总体最小二乘法的系统响应修正方法[J]. 水利学报，2017，48(5)：560－567.
[144] 沈丹丹，包为民，江鹏，等. 基于土壤墒情抗差的降雨径流预报模型:设计与实验流域应用[J]. 湖泊科学，2017,29(6):1510－1519.
[145] Sun Y, Bao W, Jiang P, et al. Development of multivariable dynamic system response curve method for real-time flood forecasting correction [J]. Water Resources Research, 2018, 54(7): 4730－4749.
[146] 包为民，顾雨薇，司伟，等. 降雨动态系统响应曲线修正方法在黄土区域水沙模拟中的应用[J]. 湖泊科学，2020，32(2)：528－538.
[147] Hou L, Bao W M, Si W, et al. Sediment yield error correction by

dynamic system response curve method in real-time flood forecasting [J]. Journal of Hydroinformatics, 2020, 23(3): 28 - 46.
[148] Zhang X Q, Bao W M, Sun Y Q. Enhancing the hydrologic system differential response method for flood forecasting correction[J]. Journal of Hydrology, 2021, 592: 125793.
[149] 张小琴,吴成城,佘亮亮,等. 基于微分响应的流域产流分单元修正方法[J]. 湖泊科学, 2021, 33(6): 1906 - 1913.
[150] 孙逸群. 系统响应误差修正方法改进研究[D]. 南京:河海大学, 2021.
[151] Liang Z M, Huang Y X, Singh V P, et al. Multi-source error correction for flood forecasting based on dynamic system response curve method[J]. Journal of Hydrology, 2021, 594: 125908.
[152] 梁忠民, 黄一昕, 胡义明, 等. 全过程联合校正的洪水预报修正方法[J]. 南水北调与水利科技, 2020, 18(1): 1 - 10,17.
[153] 王钦钊, 黄一昕, 梁忠民, 等. 全过程联合校正方法在饶河流域洪水预报中的应用研究[J]. 水文, 2021, 41(2): 45 - 50.
[154] Wang J, Bao W M, Xiao Z L, et al. Multi-model integrated error correction for streamflow simulation based on Bayesian model averaging and dynamic system response curve[J]. Journal of Hydrology, 2022, 607: 127518.
[155] 葛守西, 程海云, 李玉荣. 水动力学模型卡尔曼滤波实时校正技术[J]. 水利学报, 2005, 36(6): 687 - 693.
[156] 周全. 洪水预报实时校正方法研究[D]. 南京: 河海大学, 2005.
[157] 王船海, 吴晓玲, 周全. 卡尔曼滤波校正技术在水动力学模型实时洪水预报中的应用[J]. 河海大学学报(自然科学版), 2008,36(3): 300 - 305.
[158] Yu P S, Chen S T. Updating real-time flood forecasting using a fuzzy rule-based model[J]. Hydrological Sciences Journal, 2005, 20(2): 265 - 278.
[159] 常露, 刘开磊, 姚成, 等. 复杂河道洪水预报系统研究:以淮河王家坝至小柳巷区间流域为例[J]. 湖泊科学, 2013, 25(3): 422 - 427.
[160] 刘开磊, 姚成, 李致家, 等. 水动力学模型实时校正方法对比[J]. 河海大学学报(自然科学版), 2014,42(2): 124 - 129.

[161] 徐兴亚，方红卫，张岳峰，等. 河道洪水实时概率预报模型与应用[J]. 水科学进展，2015，26(3)：356-364.

[162] 杨瑞祥，梁川，景楠，等. 基于粒子滤波同化方法的实时洪水预报[J]. 黑龙江大学工程学报，2016，7(3)：1-6,19.

[163] 梁忠民，王旭伟，宁亚伟，等. 基于动力系统反演理论的马斯京根流量演算误差校正[J]. 水力发电，2017，43(12)：9-12.

[164] 高益辉，钟平安，徐斌，等. 河流系统实时洪水预报误差多点联合校正方法研究[J]. 南水北调与水利科技，2018，16(5)：25-30.

[165] 王船海，白耀玲. 基于卡尔曼滤波技术的河道汇流实时校正[J]. 河海大学学报(自然科学版)，2007,35(2):181-185.

[166] 何俊仕，刘恒. 浑河洪水预报实时校正技术研究[J]. 人民黄河，2009，31(3)：39-40,43.

[167] 王文鹏，李春红，王建平. 洪水预报系统中实时校正模型的优选方法[J]. 水电自动化与大坝监测，2012，36(1)：78-83.

[168] Huang Y X，Liang Z M，Singh V P，et al. A coupled dynamic system inversion model for higher accuracy in flood forecasting[J]. Water Resources Research，2022，58(2)：e2021WR030531.

[169] 黄一昕，梁忠民，胡义明，等. 基于洪水预报系统误差反演的多河段联合校正方法[J]. 湖泊科学，2021，33(6)：1914-1924.

[170] Babovic V，Cañizares R，Jensen H R，et al. Neural networks as routine for error updating of numerical models[J]. Journal of Hydraulic Engineering，2001，127(3)：181-193.

[171] 覃光华，丁晶，缪韧，等. 基于人工神经网络的卡尔曼滤波实时校正技术[J]. 水力发电，2002,28(11):9-12,72.

[172] 熊立华，郭生练，庞博，等. 三种基于神经网络的洪水实时预报方案的比较研究[J]. 水文，2003，23(5):1-4,41.

[173] 袁晶，张小峰. 基于遗忘因子和误差修正的水文实时预报方法研究[J]. 中国农村水利水电，2006(9)：32-35.

[174] Ju Q，Yu Z B，Hao Z C，et al. Division-based rainfall-runoff simulations with BP neural networks and Xinanjiang model[J].

Neurocomputing, 2009, 72(13): 2873 - 2883.
[175] 黄清烜，梁忠民，曹炎煦，等. 基于误差修正的BP神经网络含沙量预报模型[J]. 水力发电，2013，39(1)：23 - 26.
[176] 阚光远，李致家，刘志雨，等. 改进的神经网络模型在水文模拟中的应用[J]. 河海大学学报(自然科学版)，2013，41(4)：294 - 299.
[177] 瞿思敏，包为民. 实时洪水预报综合修正方法初探[J]. 水科学进展，2003，14(2)：167 - 171.
[178] Vrugt J A, Gupta H V, Nualláin B, et al. Real-time data assimilation for operational ensemble streamflow forecasting [J]. Journal of Hydrometeorology, 2006, 7(3): 548 - 565.
[179] 张弛，王本德，李伟. 数据挖掘技术在水文预报中的应用及水文预报发展趋势研究[J]. 水文，2007，27(2)：74 - 77,85.
[180] Bogner K, Kalas M. Error-correction methods and evaluation of an ensemble based hydrological forecasting system for the upper Danube catchment[J]. Atmospheric Science Letters, 2008, 9(2): 95 - 102.
[181] Pagano T C, Wang Q J, Hapuarachchi P, et al. A dual-pass error-correction technique for forecasting streamflow [J]. Journal of Hydrology, 2011, 405(3/4): 367 - 381.
[182] DeChant C M, Moradkhani H. Examining the effectiveness and robustness of sequential data assimilation methods for quantification of uncertainty in hydrologic forecasting[J]. Water Resources Research, 2012, 48(4): 2011WR011011.
[183] Liu Y, Weerts A H, Clark M, et al. Advancing data assimilation in operational hydrologic forecasting: progresses, challenges, and emerging opportunities[J]. Hydrology and Earth System Sciences, 2012, 16(10): 3863 - 3887.
[184] 王东升，胡关东，袁树堂. 基于水文相似性的预报误差修正[J]. 南水北调与水利科技，2019，17(2)：140 - 145,156.
[185] Blöschl G, Bierkens M F, Chambel A, et al. Twenty-three unsolved problems in hydrology(UPH): a community perspective[J]. Hydrological

Sciences Journal，2019，64(10)：1141－1158.

[186] Yuan F，Wang B，Shi C X，et al. Evaluation of hydrological utility of IMERG final run V05 and TMPA 3B42V7 satellite precipitation products in the Yellow River source region，China[J]. Journal of Hydrology，2018，567：696－711.

[187] Yuan F，Zhang L M，Soe K M W，et al. Applications of TRMM-and GPM-era multiple-satellite precipitation products for flood simulations at sub-daily scales in a sparsely gauged watershed in Myanmar[J]. Remote Sensing，2019，11(2)：140.

[188] 陆旻皎. 新安江模型研究的回顾和展望[J]. 水利学报，2021，52(4)：432－441.